U0383887

图解汽车驾驶

应急避险与逃生手册

吴文琳 编著

中国电力出版社
CHINA ELECTRIC POWER PRESS

内 容 提 要

本书采用图文对照的形式，详细介绍了汽车驾驶应急避险"远离事故"与"逃离虎口"逃生的处置方法及技巧，尽最大可能帮助驾驶人员了解安全驾驶的要点，以及意外遇险逃生的方法。

全书分为两篇，共九章，上篇为远离事故——汽车驾驶应急避险技巧；下篇为逃离虎口——汽车驾驶意外险情应急逃生技巧。主要内容包括一般道路驾驶、复杂路段驾驶、复杂道路驾驶、恶劣气候及特殊环境驾驶、城市道路驾驶、高速公路驾驶、自驾游驾驶的应急避险技巧，安全行车与交通事故的预防及汽车驾驶意外险情的应急逃生技巧。

本书通俗易懂，实用性强，适合广大汽车驾驶人和爱好者阅读使用，也可作为汽车培训班的教学参考书。

图书在版编目（CIP）数据

图解汽车驾驶应急避险与逃生手册/吴文琳编著．—北京：中国电力出版社，
2021.4

ISBN 978-7-5198-5298-6

Ⅰ.①图… Ⅱ.①吴… Ⅲ.①汽车驾驶—安全技术—图解 Ⅳ.①U471.15-64

中国版本图书馆 CIP 数据核字（2021）第 021879 号

出版发行：中国电力出版社
地　　址：北京市东城区北京站西街 19 号（邮政编码 100005）
网　　址：http://www.cepp.sgcc.com.cn
责任编辑：杨　扬（y-y@sgcc.com.cn）
责任校对：黄　蓓　于　维
装帧设计：郝晓燕
责任印制：杨晓东

印　　刷：北京博图彩色印刷有限公司
版　　次：2021 年 4 月第一版
印　　次：2021 年 4 月北京第一次印刷
开　　本：880 毫米×1230 毫米　32 开本
印　　张：8.25　6 插页
字　　数：274 千字
定　　价：48.00 元

版 权 专 有　侵 权 必 究

本书如有印装质量问题，我社营销中心负责退换

前　言

随着社会经济的不断发展和人民生活水平的逐步提高，汽车驾驶已经变成现代人必须具备的一项基本生活技能。汽车社会的到来，改善了我们的出行方式，提高了我们的生活质量，推动了社会的和谐文明进步与发展。然而，由于汽车通行量的增大，道路交通的拥挤，不守规则通行现象经常出现，致命车祸也时有发生，甚至成为社会公害之一。为了帮助广大汽车驾驶人快速了解安全驾驶的要点并掌握汽车驾驶应急避险与逃生的技巧，我们特编写了这本书。

本书采用图文对照的形式，详细介绍汽车驾驶应急避险"远离车祸"与逃生"远离虎口"的处置方法及技巧。

全书有两篇共九章，上篇为远离事故——汽车驾驶应急避险技巧；下篇为逃离虎口——汽车驾驶意外险情应急逃生技巧。主要内容包括一般道路驾驶、复杂路段驾驶、复杂道路驾驶、恶劣气候及特殊环境驾驶、城市道路驾驶、高速公路驾驶、自驾游驾驶、安全行车与交通事故的预防及汽车驾驶意外险情的应急逃生技巧。

本书通俗易懂，实用性强，适合广大汽车驾驶人和爱好者阅读使用，也可作为汽车培训班的教学参考书。

本书由吴文琳编写，参加编写的人员还有：林瑞玉、何木泉、林国强、林志强、吴沈阳、黄志松、林志坚、宋建平、陈山、杨光明、林宇猛、陈谕磊、李剑文等。

在本书编写过程中参阅了大量的文献资料，特在此向各位文献资料的作者、对本书给予帮助的同事、同行表示衷心的感谢！

由于编者水平有限，涉及内容新，书中不足之处在所难免，敬请广大读者批评指正，以便修订和改正。

编者

目　　录

上篇　远离事故——汽车驾驶应急避险技巧

下篇　逃离虎口——汽车驾驶意外险情应急逃生技巧

上篇

远离事故
——汽车驾驶应急避险技巧

第一章　一般道路驾驶的应急避险技巧

一、道路交通动态情况的处置

1. 处理道路交通情况的原则与方法有哪些？

道路交通情况是复杂多变的，但处理道路交通情况的基本原则是不变的。只有坚持原则才能以不变应万变，才能确保安全行车。

(1) 处理道路交通情况要有预见性、针对性、灵活性和连续性。

1) 预见性原则。处理情况要有预见性应当做到及时发现情况、预见性地分析判断和提前采取措施。掌握安全行车的主动权、提前处理情况，防患于未然。

2) 针对性原则。处理道路交通情况不要固守一种模式、一个方法，必须根据不同的情况、地点和条件，采取不同的方法。

3) 灵活性原则。行车中要看远顾近，在视野范围内，既要注意重点目标，又要兼顾一般情况。要不断提高对转向盘、制动踏板、加速踏板的综合运用能力。

4) 连续性原则。行车中出现的交通情况常常是连续出现，接踵而来的。必须注意不断地发现新情况、判断新情况，及时处理好后续情况。若稍有松懈，很可能错过正确处理情况的机会，造成交通事故。

(2) 处理道路交通情况的方法。

1) 运用机件要灵活。处理情况时，应根据当时的距离、车速、环境等，运用方向、制动、加速踏板、喇叭灵活加以处理。

2) 先近后远。首先处理近处的情况，防止出现顾远不顾近的现象。

3) 先制动、方向后挡位。一旦发现对行车安全有影响的情况时，首先要放松加速踏板，适当运用制动减慢车速，同时掌握好方向，需要绕行时，应提前转动转向盘。当情况允许继续行驶时再变换合适的挡位，避免只顾换挡不顾制动、方向。

4) 先动态后静态。要集中精力，密切注意动态情况的状态及其趋势，及时对其加以判断和处理。

5) 先人后物。首先避开行人和骑车人，然后再处理其他情况。

2. 如何处理行人动态情况？

由于混合交通比较严重，交通情况比较复杂。行车时应注意正确判断道路情况，掌握各种车辆的动态和行人的特点，选择合适的行车方式和路线。

（1）对路上行人要特别注意观察，一旦发现可疑迹象，应鸣喇叭警告，同时做好防范准备，禁止不做任何防范地高速通过。

（2）对视线不良的小路、村道与道路交叉路口，要提防从巷内、小道内突然出现横穿道路者。对此应格外谨慎，提前做好防范。

（3）陷入沉思的行人，注意力高度集体在所思考的问题上，除两腿本能机械地移动外，对外界的一切都置若罔闻。汽车的行驶声、喇叭声都不能引起他们的注意。对这类行人要注意观察，如果其垂头而行或侧向某一方以及低头看东西，则禁止贴近他们通过，而应减速鸣喇叭，缓行绕过，并尽可能地保持较大的安全距离，以防他们突然从沉思中惊醒盲目乱跑。当道路宽阔，汽车能离行人较远绕过时，可不鸣喇叭通过。

（4）遇到特殊行人的处理方法。行车过程中，经常会遇到一些特殊的行人，如聋、哑、盲人等。这些行人的举止常违背正常人群的活动规律，还有的行为怪异，因此处理时应格外注意。聋哑人大多听觉失灵，根本听不到外界的声音。因此，遇到鸣喇叭而毫无反应的行人时，就应考虑其可能是听觉失灵的聋哑人，要尽快减速，从其身旁较宽的一侧缓行避让通过。盲人的听觉一般都很灵敏，通常一听到汽车声就准备避让，但不知道自己朝什么地方避让，往往欲避让却不敢迈步。遇此情况时，应仔细观察判断，视情况通过，禁止鸣喇叭不止，以免使盲人无所适而发生危险。必要时，可下车搀扶盲人离开危险区，然后驾车通过。

（5）行车中遇少年儿童和成人在道路上玩耍时，应提前减速，必要时应停车避让，不能用鸣喇叭的方法驱赶，待情况稳定，方向明确后，低速通过。儿童和成人在道路两侧时，应注意儿童的动向，预防其突然横穿公路奔向成人，如图1-1所示。

（6）遇突然横穿道路的人。当发现有人横穿道路时，应立即采取制动措施，同时判断行人横穿的速度和汽车可以避让的安全地方。避让横穿道路的行人时，应将转向盘朝行人奔跑的出发点转动，以达到从行人身后绕过的目的；不可将转向盘顺着行人奔跑的方向转动，防止与行人同向行进而发生人车相撞的事故。

（7）行人突然遇到暴雨、雨、雪时，交通秩序容易混乱。汽车在行驶中要减速慢行，随时注意观察和掌握人为避风雨奔跑的动态。尤其是对撑雨伞和穿雨衣的行人更要注意，因为他们的视线和听觉均受到不同

图 1-1 应注意儿童的动向，预防其突然横穿公路奔向成人

程度的影响，不能及时发现汽车。

3. 如何处理机动车动态情况？

（1）小型汽车动态的判断。行驶中遇有此类车辆，应多观察其动态。若在交叉路口遇见时应预防其绕越；遇其超车时，若条件许可，应主动让路、让速、让超。

（2）公交车辆动态的判断。在绕越停靠站的公共汽车时，应放宽横距，勤鸣喇叭，并严格注意非机动车和行人的动态，做好随时制动停车的准备。

（3）载货汽车动态的判断。遇有这类载货汽车时，应多注意观察其动态，并根据情况，采取相应的有效措施。此外，还要注意观察载货汽车的装货情况，看有无体积大的或突出的东西伸出车厢，防止擦剐。在行驶中与平板车交会时，应提前礼让，并保持一定的安全横距，以防相擦。若遇到车速较慢的平板车或牵引车时，要耐心驾驶并与之保持较大的安全前距，跟随前进，最好不要并排行驶，以免发行意外。只有在确保安全的情况下，方可超车，切忌急躁，以免发生事故。

（4）军用车辆动态的判断。行驶中遇有军用车辆时，应主动礼让，驶近路口时，应密切注意其行驶方向，并与之保持较大的前距，以保证行车安全。

（5）摩托车动态的判断。在驾车过程中，必须对摩托车给予高度重视，密切观察其动态，保持足够的前距和横距。遇到他们还是避远点好，以确保行车安全。

4. 如何处理自行车和电动自行车动态情况？

（1）正常骑车者。正常的骑自行车者，听到汽车声应有明显的避让表示。对于已经让路的自行车不要鸣号不止，但需照顾骑行情况，通过时尽可能保持较大的侧向距离。

（2）不正常骑车者：有些人自认为骑车技术熟练，与汽车竞驶或争道抢行。遇此情况，切不可急躁抢行，应主动减速鸣号，选择路线谨慎行驶。

（3）骑车技术不熟练者。骑车技术不熟练者，本来就容易跌倒，听到喇叭声或看到汽车临近更是惊慌失措，左右摇晃。遇此情况，应减速行驶，不可靠近，并随时做好停车准备。

（4）还有些骑车者载重带人，遇到道路高低不平或乘坐者突然跳车容易因意外失稳而跌倒。行车中要注意此种情况的突然出现。

二、 路面的选择、 车速的控制、 跟车与车道变更

5. 如何选择路面？

行驶路面跟行车安全和车辆使用寿命，燃料消耗以及驾驶人的疲劳强度有很大关系。在行车中只有选择好行驶路线，才能减少行车颠簸，并保持匀速直线行驶。

（1）在一般平坦道路上，无会车和超车的情况下，应在道路中间行驶。在路面不宽，拱形较大的碎石路上，应使汽车左右两边都有回旋余地，这对高速行车尤为重要，并且只有在拱形路面中间行驶，才能给汽车两边的车轮对称的作用力。禁止汽车长时间在拱形路面上偏驶。

（2）遇到凹凸不平的路面，驾驶人应仔细观察路面的凹凸程度。如果估计汽车离地间隙不能安全通过，则应绕行；如果认为所驾车能通过，则应谨慎慢行。禁止抱着侥幸心理驾车通过。通过较短而面积小的凹凸路时，可用空挡滑行通过。对于连续的面积小的凹凸路，可保持适当的速度均匀行驶。在可能引起跳动的凹凸路上，应用低速挡通过。减速应提前，避免在下坑时使用紧急制动，防止载荷前移，损坏机件。行车过程中，应随时注意各部件的声响，在听到部件的异常声响后，应立即停车，不可强行通过。尤其是通过较长的凹凸道路时，应仔细检查各连接装置是否松脱和折断，若有损坏之处，则应及时进行修理。

（3）行驶中遇有会车或让超车等情况，应主动减速，并靠道路右侧行驶，过后再驶入道路中间行驶。

（4）行驶中因故靠道路右侧行驶时，应适当减速，在偏驶因素消除

后，应尽快平稳地驶往道路中间。禁止长时间偏向道路一侧行驶。长时间偏向道路一侧行驶，将会加重一侧轮胎、钢板弹簧、车架等机构的负荷，造成不均衡的磨损或损坏。

（5）在碎石路上行驶时，应注意避开道路上的尖石、棱角物等，选择较平坦的路面行驶。

（6）在有碍视线的道路上行驶时，应选择视线开阔的路线，尽量避开视线不良的路线。

6. 如何处理有大障碍物的路面？

图 1-2　遇到较大的凸形障碍物

（1）如图 1-2 所示，遇到较大的凸形障碍物时，应先判断车辆能否通过，如果凸形障碍物超过本车的最大离地间隙，则应设法绕行或消除凸形体的顶端部后再通过。

如果汽车可以通过，则应事先制动减速，在接近障碍物后，用低速挡缓行通过，使两前轮正面接触障碍物。禁止前轮一前一后接触障碍物，以免车架受到过大的扭转。当前轮驶抵障碍物时，应踏下加速踏板，待前轮刚越过凸顶时，立即松起加速踏板，使前轮自然滑下障碍物。禁止此刻再踏下加速踏板，使后轮驶上障碍物的凸顶。此时，踏下加速踏板的力度应足够，否则动力轮无力爬过凸顶，造成汽车熄火和后溜。车轮达到凸顶后，再松开加速踏板，待后轮自然滑下后再继续前进。

（2）在正常的道路上遇到障碍物且有前车通过的车辙痕迹时，应顺着车辙小心通过。禁止不分障碍物性质就用汽车碾轧通过，尤其对碰到的新障碍物，若没有前车通过的迹象，则应停车观察清楚后再通过。

特别提醒

当心路面凸起物

在汽车高速行驶的过程中，当车轮遇到石块、砖头、木块、铁器、玻璃等硬质物体，可能会导致轮胎爆裂或者转向瞬间失控。路面上的这些硬质物体还可能因轮胎的碾轧而飞起，极有可能伤及其他过往的汽车和行人。所以，行车中一定要注意观察路面，遇到这些凸起物的时候不要碾轧，以免付出不必要的代价。

7. 如何控制汽车车速与车距?

速度选择要根据车型、环境、交通和气候条件,以及驾驶人的技术水平、生理、心理等因素来确定。一般地讲,只要在道路条件下,车辆状况和环境条件允许下,在不违反交通法规规定的情况下,应尽可能选用高速挡,以充分发挥车辆的机动性。

(1) 车速控制汽车行驶速度应根据道路、天气、任务、载荷、视野、交通情况来定,还应兼顾驾驶者本人的技术和机件性能情况。通常情况下,在路况良好的道路上,可用高速挡经济车速行驶。行车遇下列情况之一,最高车速不准超过 30km/h。

1) 通过胡同(里巷)、铁路道口、急弯路、窄路、窄桥、隧道时。

2) 掉头、转弯、下陡坡时。

3) 遇风、雨、雪、雾天能见度在 30m 以内时。

4) 在冰雪、泥泞的道路上行驶时。

5) 喇叭、刮水器发生故障时。

6) 牵引发生故障的机动车时。

7) 进出非机动车道时。

(2) 车距控制。行驶车辆与前车、左车(物)、右车(物)之间的距离,叫行驶间距。其中,与前车的行驶间距叫纵向间距;会车时与左车(物)的距离、超车时与右车(物)的距离叫横向距离,也称横向间距。如果行车间距过小,就可能导致撞车、刮碰其他车辆或物体、行人的事故。

1) 后车应当与前车保持足以采取紧急制动措施的安全距离,在通常情况下,行驶间距也可依据行驶速度确定,根据当时车辆的行车速度的公里数(距离)就相当于最小跟车距离。如以 40km/h 速度行驶,两车的距离至少应保持 40m。

2) 车辆横向间距大小与顺行、并行、会车、超车等安全操作有着直接影响。汽车侧向间距要根据天气、道路的不同而变化。在遇雨、雪、雾天,路滑、视线不良等情况时,侧向间距应适当加大。同方向行驶车辆之间的横向间距要偏大一些,相对方向行驶的车辆横向间距相对要偏小一些。汽车与静止物体的侧向间距可以适当小一些,与运动物体,特别是畜力车、三轮车、自行车和行人的侧向间距要大一些。

3) 汽车的侧身间距还应根据车速而定。驾驶人应本着速度越快间距越大原则来处理和调整,一般情况下,车速为 40~60km/h 时,同向行驶汽车的侧向最小安全间距应为 1.0m,异向行驶汽车的侧身最小安全间距应为 1.2m，汽车与人行道的侧向最小安全间距为 0.5m；车速为 30km/h 时，汽车的侧向最小安全间距应为 0.75m，汽车与人行道的侧向最小安全间距以 0.6m 为宜。若条件不允许有足够的安全侧向间距，则应降低车速，缓慢通过，以确保行车安全。

───────── 特别提醒 ─────────

使用安全速度行驶方法

(1) 根据所驾汽车的车型及性能，选择好安全车速。如果这种车速能适应交通法规和周围交通情况，便可将这种车速定为自己的安全车速。平常按此速行驶，便可更好地驾驶汽车。

(2) 在交通拥挤、汽车较多，车流已由自然速度节奏的道路上，要使自己的车速跟随车流速度，既不要性急超车，也不要一味地让超车。

(3) 根据行驶道路的状况，灵活掌握自己的车速。如果长期在高级公路上行车，可适当调整车上装置（特别是轮胎、制动装置等），使汽车适应高速行驶。若长期在简易公路或山路上行驶，则应调整车上装置，让汽车适应中速或低速行驶。

(4) 行车中要密切观察沿路的交通标识，发现有限速标识时，要严格按标识规定的车速行驶。

8. 如何在一般道路上跟车行驶？

(1) 城市道路上的跟车方法。根据前车的速度和自己的速度确定与

图 1-3　和前车最近距离的确认方法

前车的距离。跟车速越快，车距要越大。前车制动灯一亮，自己要马上减速。对于跟车的距离保持在 3~5m 即可，走不动停下来时最近距离的确认方法是从前风挡处看到前车保险杠的下缘，如图1-3所示。为了防止由于突然制动导致的连环追尾事故，跟车的时候不要只看前车，要用眼睛余光越过前车观察更前面的车，观看制动灯的点亮情况，如果前车前面的车踩制动，那么就要把右脚从加速踏板移向制动踏板，这么做既保证及时制动，又能警示后车。为了更好地观察更前面的车，不要跟在车身很高的车后，比如大客车、中巴、大货车等。

（2）上坡路段跟车方法。如果在上坡路段行车或是过立交桥时，遇到车行缓慢时走时停的情况，一定要留出距离以防前车起步时后退。特别是那些超载的大货车，最好不要跟在它后面，而且要留出比正常距离长的空间防止货车后溜。

（3）高速公路跟车方法。高速公路由于汽车速度快，汽车的制动距离增长，如果跟车太近，若有紧急情况来不及制动容易出现追尾现象。在高速公路上有些驾驶人跟车距离非常近，甚至与前车只隔一二十米，同时还不停地闪灯逼迫前车，造成前车的紧张感，这样是非常危险的。控制安全车距离通常是以车速定车距，多少千米的时速便空出多少米的车距。如：车速 100km/h 便应与前车保持至少 100m 的距离，如图 1-4 所示。

图 1-4 高速公路跟车方法

（4）夜间驾驶汽车跟车方法。夜间跟车应保持中速行驶，尽量增加跟车距离，准备随时停车，以防止前后车相碰事故的发生。前照灯的使用如图 1-5 所示，车速在 30km/h 以下时应使用近光灯，灯光照出 30m 以外。车速在 30km/h 以上时，应使用远光灯，灯光必须照出 100m 以外。在有路灯的道路上行驶时，可使用防眩目灯或近光灯和示宽灯。

1）夜间行车一般不使用喇叭。通常采用远近光反复互换的方法，用来警示前方道路的车辆。夜间应尽量避免超车。必须超车时，应准确判明前方情况，确认条件成熟后，再跟进前车，连续变换远近灯光（必要时以喇叭配合），预告前车避让，在判定前车确已让路允许超越时，方可超车。在超车中应适当加大车间距离。

2）夜间行车中，要注意道路障碍、道路施工指示信号灯等，在阴暗地段，路况不易辨清时，必须减速。遇险要地段，应停车查看，弄清情

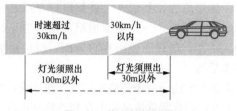

图 1-5 前照灯的使用

况后再行进。

3）夜间行车视线不良、路界不清，常使汽车偏离正常运动轨迹或遇到意外情况采取措施不及。驾驶者应降低行车速度，以增加观察、决策和作出反应的时间。

4）夜间跟车不宜开启远光灯，否则前车会因后视镜反光影响驾驶，如图 1-6 所示。

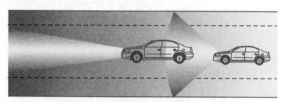

图 1-6 夜间跟车不宜开启远光灯

特别提醒

（1）尾随行车不要与前车正对跟进，应适当将车身向左错开行驶，以能看到前车前方部分交通情况为宜，如图 1-7 所示。

图 1-7 车身向左错开

（2）跟车时不仅要注意前车制动灯，还应注意前面隔一辆车的制动灯。前面隔一辆车的制动灯一亮，前车也要进行制动，随时可能停车，所以这时应该将脚离开加速踏板，随时准备踩踏制动踏板。

(3) 在繁华路段车速较低时，跟车间距不能太小，至少应保持能看清前车的各种信号与岔路口的指挥灯信号。

(5) 不宜跟车的几种汽车。为了防止在前车紧急制动时发生追尾，以下几类车最好不要跟车。

1) 大型车。小车跟随大型汽车行驶，因为看不见前面的交通情况，有时会让自己跟着它闯红灯，所以要保持较大的车间距离。可适当靠近车行道左侧边界线行驶，以便观察前面的交通情况。大型货车如果货物掉落还会伤及自己和汽车，尤其是那些载有黄沙或者泥石的汽车，掉落的飞沙走石很容易砸坏车身。

2) 公交车。公交车同样容易遮挡行车视线。另外因为公交车随时会变道靠站，如果跟得过近或在其两侧，就容易发生事故。

3) 出租车。出租车常会因要驶过道路右侧的行人时才发现行人招手而采取紧急制动，将车大角度转向路右；也有可能因发现左侧有人招手，突然跨越左侧车道、公路中心线或横穿公路，疾速驶向路左。故应有意拉大与出租车的跟行距离，并密切注意其行驶动态。

4) 外地牌照的汽车。外地驾驶人一般对当前的城市道路不熟，行车速度慢而且犹豫，有时为了寻找目的地，会临时停车看地图或者问路，也有可能突然变道或转向。

───────── **特别提醒** ─────────

跟车注意事项

(1) 跟车时要观前顾后。

(2) 不能突然制动减速至车辆停止，否则容易引起后面车辆追尾。

(3) 不能被动随流跟车，漫不经心地跟随车流行驶，且把注意点固定在前车上。

(4) 跟车时不要犯急躁情绪。在跟进行驶中，若遇行人或非机动车插入，要保持足够的耐心，不要犯急躁情绪。尤其是遇行人横穿，更要主动避让。

(5) 不能在特种车辆后面跟车。跟车时，一般城市出租车、大型货车和公共汽车不跟，也不要跟随正在执行特殊任务的单车或车队，"实习"车辆、跑车和外地牌照车不能跟，以免造成事故或不必要的麻烦。

(6) 跟车行驶距离不能过近。在跟车行驶时，一定要保持合适的跟车距离。

(7) 不能正对前车跟车。有的驾驶人习惯正对前车跟车行驶，由于驾驶人的视线大部分被前车遮挡，很难看到前车前方的交通情况。一旦出现突发情况，很有可能发生连环追尾的事故。

(8) 遇到雪、雨、雾天和路面结冰时的跟车距离应为一般情况下的 2.5～4 倍。在坡道、冰雪路面上行驶时，一般要延长 1.5～3 倍才比较安全。

9. 如何变更车道？

(1) 变道之前必须开启转向灯。在变道之前，应先观察变换的目标车道汽车情况。要变更车道时，应该提前至少 3s 打开转向灯，提醒其他汽车注意。在变更车道时应该连续地、小角度地转动方向盘，轻慢地变更行车路线。

(2) 观察前方及侧后方汽车，确保安全车距。打转向灯之后观察后视镜，判断周边路况是否适合变道。观察后视镜，看侧后方汽车情况，后视镜正确调整好后，侧后方整个汽车都出现在后视镜内才是适合变道的安全车距。除了观察后视镜，还要快速观察汽车两侧盲区是否有其他汽车接近。在确保周围情况安全后，就可以准备变道了。

(3) 要缓打方向，迅速变道。转动转向盘进行变道。正常车速行驶时，只需要稍微调整转向盘转角就可达到变道的目的。在确保安全后变道要果断迅速，变道过程中的车速不应降低，而是要保持匀速或稍稍加速。

(4) 不可跨越多条车道变道。变道每次只变更一条车道，变换车道完成后，应关闭转向灯，正常行驶，如果需要再次变道，便重复之前的步骤。切不可有从最外侧车道开始变道，然后跨越中间车道，最后斜插进最内侧的快车道的蛮横的变道行为，如图 1-8 所示。

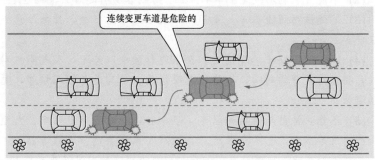

图 1-8   不要连续变更车道

━━━━━━━━━━ 特别提醒 ━━━━━━━━━━

变道防剐蹭

（1）为了防止在变更车道时发生汽车剐蹭事故，当需要变更车道时，要利用后镜观察相邻车道内过往的汽车，不要因为变更车道而长时间骑压车道分界线，影响相邻车道内汽车的正常行驶。变更车道之后，要注意关闭转向灯。

（2）向左变更车道应该事先开启左转向灯，向右变更车道应该事先开启右转向灯，要充分利用向外后视镜和眼睛直接观察确认右后方的安全，右转时有将自行车卷入的危险可能，要十分注意自行车的行驶。

（3）任何时候都是尽量避免急打方向。

三、 汽车会车、 超车与让超车

10. 如何会车?

在行车过程中，上行车与下行车的相错称为会车。与来车交会前，应看清来车有无拖带挂车、前方道路及交通情况，适当降低车速，选择较宽阔、坚实的路段，靠路右侧鸣喇叭交会通过。

（1）会车时要注意保持足够的侧向安全间距，并做到"礼让三先"，即先让、先慢、先停。禁止在狭窄的桥梁、隧道、涵洞、急弯等处交会汽车。

（2）在视线不良的情况下会车时，要降低车速，开示宽灯，鸣喇叭，并加大两车间的侧向间距，必要时应停车避让。

（3）在没有中心隔离设施或没有中心线的道路上会车时，应按以下规定礼让。

1）在有障碍的路段，无障碍的一方先行；但有障碍的一方已驶入障碍路段，而无障碍的一方尚未驶入时，有障碍的一方先行。在有障碍的路段会车如图1-9所示。

2）在狭窄的坡路，上坡的一方先行，但下坡的一方已行至中途而上坡的一方尚未上坡时，下坡的一方先行。在狭窄的坡路上会车如图1-10所示。

3）在狭窄的山路，不靠山体的一方先行，如图1-11所示。

4）驶近狭窄路段或窄桥时，应估计双方距桥的远近和速度，让距桥近的车先过桥。

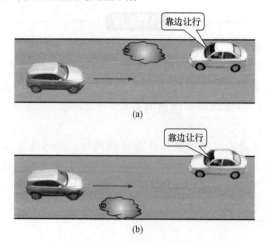

图 1-9　在有障碍的路段会车

（a）无障碍一方先行；（b）有障碍一方先行

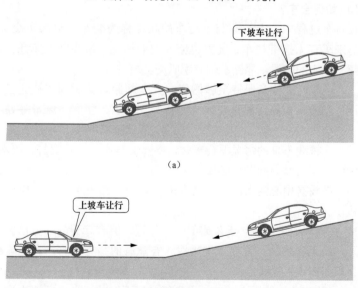

图 1-10　在狭窄的坡路上会车

（a）上坡车先行；（b）下坡车先行

5）在路面较窄或两边均有其他障碍的情况下会车时，应根据对方来车速度和道路条件选定交会路段，正确控制车速。若离交会路段比对方车远，则应加速行驶；若离交会路段比对方近，则应降低速度等候来车，以保证两车在已选好的路段交会。

（4）会车标识。常见的会车标识如图 1-12 所示。会车让行标识表示车辆会车时，必须停车让对方先行；会车先行标识表示车辆在会车时可以优先行驶。

向上的箭头代表自己。如果自己箭头大（黑色、白色），代表会车先行（自己先走）；如果自己箭头小（红色），代表会车让行（别人先走）。

图 1-11 不靠山体的一方先行

(a)　　　　(b)

图 1-12 会车标识

(a) 会车让行；(b) 会车先行

—— **特别提醒** ——

（1）驾驶车辆时，不得高速占道会车或减速不让道。

（2）汽车在没有划中心线的道路上行驶时，遇对向来车在近距离内超车时，应靠右减速慢行，做好随时停车准备，若遇对方车辆强行占道，应尽可能让出车道，甚至停车礼让。

（3）尽量避免在桥梁、隧道、涵洞或急弯等处会车，即使道路条件与交通状况许可，也须低速交会，以免发生交通事故。

（4）遇雨、雾和黄昏等视线不清的情况会车时，应降低车速、开启示宽灯，加大两车横向间距，必要时须停车避让。

11. 夜间如何会车？

夜间行车因为能见度低，物体在灯光的照射下形成反射，以及对面来车的灯光照射等原因极易引起驾驶疲劳，眼花目眩，直接影响行车安全。

（1）夜间会车要及早选择交会路段，并做好主动停让的准备。当对面来车的灯光照到本车，感到有轻微的炫目或与来车相距150m左右时，应互闭远光灯改用近光灯，如图1-13所示，并降低车速，使汽车靠道路右侧保持直线行进，并应顾及对方的地形和行驶路线。

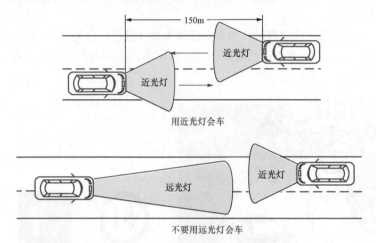

图1-13　会车时应互闭远光灯，改用近光灯

禁止在看不清道路的情况下盲目关闭前照灯或进行转向，以免发生意外。有会车灯装置的，可开会车灯，给来车照明路线。在车头交会后，即可改开远光灯。在会车过程中，禁止交替使用远、近光灯，以免使对方晃眼。

1）会车过程中要仔细观察对方车后部、视线盲区内是否有横向行驶汽车或行人。如有，应保持会车行驶路线，减速让行。

2）会车后前方道路正常的情况下，应向左调整转向盘，使汽车回到正常线路行使。

（2）如果会车前关闭了远光灯，而来车没有关闭，这时要尽快地闪烁灯光，以警示对方快些关闭远光灯，改为近光灯，这时不用按喇叭，起不了多大作用。

（3）如果对方的来车始终不关闭远光灯，特别是一些驾驶坐姿较高的货车，对会车会造成很大影响，这时要把视线迅速平移到一侧，以防炫目，一定不要盯着对方看，也不要用手遮光，手握转向盘不要动，按照自己的路线走。

━━━ **特别提醒** ━━━

谨慎会车

(1) 市区比较狭窄的道路，没有施画道路中心线，也没有机动车与非机动车之间的隔离设施，机动车和非机动车处于混合通行的状态。驾驶汽车在这样的道路上行驶，要提前处理交通情况，同时兼顾到对向的机动车、同向的非机动车。

(2) 夜间会车时，除了减速靠边，还要特别注意行人，因为晚上视线不好，对于来车能注意到，但是路边的行人往往处于驾驶人视线盲区，因此要仔细看好车后的行人和非机动车等。

12. 雨天如何会车？

下雨时，道路湿滑，轮胎的附着力下降，从而导致制动效能下降，制动时容易打滑。因此，开车时应降低车速，和前车保持与平日适当加长的距离。遇有情况时，不要急踩制动，而应轻踩点刹，以防汽车侧滑跑偏。中雨时，车速应控制在 40km/h 为宜；小雨时，可适当提高车速；大雨时，以 20km/h 的速度行驶就可以了。需要减速时，应以加速踏板控速为主，慎用制动。

雨天会车，来车往往因躲避积水而突然改变行驶路线，将车驶向路中，所以每次遇到会车时，应该提前用加速踏板控速的方法，将车位调整到较为宽阔的路段进行交会。交会时的横向距离应尽量拉大，防止溅起的水花泼向对方，或者因制动侧滑发生侧刮事故。

13. 汽车会车如何避险？

(1) 防止会车时两车相撞。会车两车相撞大多是因道路两侧或一侧有障碍，两车为抢先通过所致。为防止会车时撞车，行车中应注意以下事项。

1) 会车时要坚持先停、先让、先靠边的原则。遇到难行之处，宁慢勿快，宁停勿抢。

2) 正确判断前方的障碍，用提前加速或减速的方法，将车行驶到障碍前或越过障碍后再与来车交会，禁止在障碍处交会。

3) 对障碍判断无把握时，禁止越过障碍再会车，应降低车速缓行至障碍近处，等判断清楚后或让来车通过障碍后再继续行驶。

4) 当来车准备越过障碍会车时，应立即制动减速，禁止抢行堵住来车的行驶路线。

5) 估计两车要在障碍处会车时，应主动停车，调整车体位置或倒车让出路线，禁止互不相让，形成僵持局面。

6）会车时要让出道路的中心线，尽量与来车保持较大的侧向间距。

（2）防止会车时与尾随车相撞。会车时与来车的尾随汽车相撞的原因多是未判断对方来车数量，与前车交会后立即驶向路中或急速通过障碍。为防止与尾随汽车相撞，会车时要注意以下事项。

1）要注意观察来车的车型，如果来车体型很大，要提防后面还有体型小的汽车尾随。

2）会车前要尽早进入右侧行车道，以便斜线观察来车的后方情况。

3）会车后禁止为驶向路的中央而立即向左转转向盘或急于超过障碍，必须看清来车后面情况后再驶入路中央或通过障碍。

（3）防止会车时撞到行人。会车时很容易撞到横穿道路的行人。会车时应注意以下事项。

1）会车前，要看清并预计会车地点行人的动态，当行人被来车挡住时，要默记行人此时的位置，并对行人动态做出估计判断。

2）要警惕只顾观察对方汽车的行人，防止这种行人忽略本车，对此应鸣喇叭示意。

3）会车时要与来车保持较宽的侧向间距，以便观察行人和留给行人处理情况的空间。

4）在公共汽车刚在路边停靠后，要特别警惕从公共汽车前面或后面跑出准备横穿道路的乘客。

5）在复杂情况下会车时，应松开加速踏板，将脚放在制动踏板上，做好随时停车的准备。

14. 如何超车？

汽车"超车"是指在同一车道行驶的后车超越同向前行的前车，且超车前后该车辆一直在原车道行驶。也就是说，在原车道行驶，变道行驶超过了你原车道前面的车后，再回到你原先行驶的车道，才叫超车。如果不并线回原车道，或者从别的车道超过前车然后并线，这些都不算超车。为保证行车安全，超车时应选择道路宽直、视线良好、路侧左右均无障碍，并在交通法规许可的情况下进行。

（1）汽车超车。汽车超车前要注意观察前方交通情况、交通标识和标线，并通过内、外后视镜观察后方和左侧交通情况，超车的方法如图1-14所示。正确判断前车车速，选择平直宽阔、视线良好、左右均无障碍且前方路段150m范围内没有来车的路段超车。确认可以超车后，开启左转向灯，发出超车信号，示意被超车辆。离前车 20～30m 处鸣喇叭（如在不准鸣喇叭的城市和夜间可连续开闭前照灯示意）通知前车。在确认前车让超后，与被超车保持一定横向安全距离，从左边超越。

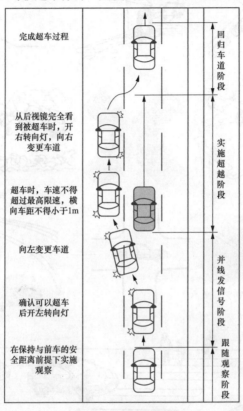

图 1-14 超车的方法

在超车过程中，当发现道路左侧存在障碍或横向间距过小而有挤擦可能时，应立即减速，稳住转向盘，禁止左右转动转向盘，应在最短时间内适当拉开距离，然后再伺机超越。超越前车后，应继续沿超车道直行行驶，在超过被超车 20～30m 安全距离后，打开右转向灯，再驶入正常的行驶路线。严禁超后立即向右（左）变更车道。

（2）禁止超车的情况。禁止超车的情况如图 1-15 所示，禁止在繁华街道、交叉路口、隧道、窄桥、陡坡、弯道、狭路，以及积雪、结冰的道路上超车；禁止在雨、雾或大风天气，视线不良，拖拉损坏的汽车时超车；禁止超越正在超车的汽车；禁止在被超车示意左转弯、掉头时超车。

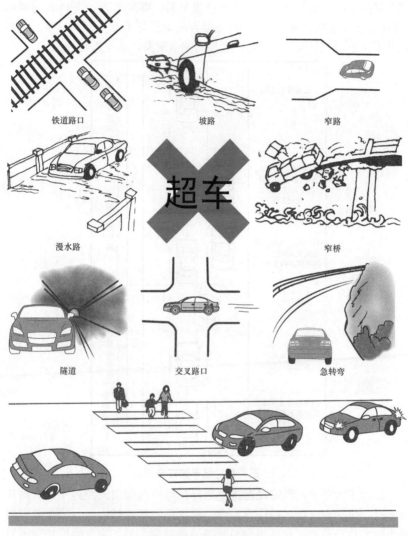

图 1-15　禁止超车的情况

（3）严禁右侧超车。所谓右侧超车，是指同一车道的后车，并到右侧车道，超越前车后，再并回原车道，这是属于违法行为，如图 1-16 所示。右侧超车是十分危险的行为，极容易造成交通事故。

但是有一些情况比较容易与它混淆，比如以下几种行为不属于右侧超车。

图 1-16 严禁右侧超车

1）车辆一直在自己的车道行驶，超过了其他车道前面的车辆，未变道，仍在自己的车道行驶，没有变道超车的动作，不属于右侧超车，如图 1-17 所示。

图 1-17 超过其他车道前面的车辆，未变道，仍在自己的车道行驶

2）在右侧车道行驶，变道超越了左侧行驶的车辆后，沿左侧车道行驶，并未回到原来的右侧车道，也不属于右侧超车，如图 1-18 所示。

图 1-18 变道超越左侧行驶的车辆后，沿左侧车道行驶，并未回到原来的右侧车道

3）在同一车道行驶，变道行驶到右侧车道，超过前车后，并未回到原来的左侧车道，也不属于右侧超车，如图1-19所示。

图1-19　超过前车后，并未回到原来的左侧车道

　注 意

上述几种行为，虽然都不属于右侧超车，但是还是要提醒大家，不要随意超车，尤其是在高速路上和上下班高峰期，可能会造成拥堵，甚至发生剐蹭事故。

特别提醒

（1）超越前方停放的大型车辆时，应减速鸣喇叭，注意观察，保持警惕，应靠近道路中心减速行驶，防止该车突然起步驶入行车道而发生碰撞事故；要保持较大的侧向间距，防止该车突然开车门或有人从车上跳下；要做好紧急停车的准备，以防车前会有行人、非机动车突然横穿道路等情况的发生。

（2）前方遇有非机动车超越停放的车辆时，要预测到非机动车在临近停车车辆时可能会突然大弧度绕行，或由于绕行过急突然摔倒。

（3）超越大型车辆前，要预测到对面可能有来车，超越过程中突然减速造成后车追尾，超越后没有行车位置等情况。

（4）在与被超车齐头并进时，要密切注意被超车为躲避路边障碍（如石块、洼坑、凸坎）而向左调整方向。

（5）在超车过程中，当发现在较短距离内左侧有来车交会时，禁止猛向右转动转向盘，应让车在道路稍偏右侧行驶，同时顾及前方和后方汽车，应迅速减速终止超车。

（6）在超越中，如发现道路左侧有障碍物或因横向间距小而有刮擦可能时，要慎用紧急制动，以免车辆侧滑发生碰撞。应该使车辆尽快减速，稳住方向，让两车在最短的时间内分离，待有机会时再超。

（7）有时，前车靠右不是为后车让路，而是为躲避路中间的障碍或坑洼，或者是要与对面来车交会，这时若冒险超车，就会发生危险。

15. 超车时如何避险？

汽车行驶中许多交通事故是在超车的过程中发生的。究其原因，多为超车一方在不具备超车条件的情况下强行超车，甚至前车越是不让超，后车越是执意要超；被超车一方对超车一方不服或者不满，让路不减速，或者故意不让，双方僵持，开英雄车，开赌气车，最终导致交通事故的发生。

为了避免超车过程中发生交通事故，无论是超车一方，还是被超车一方，都应该遵守《道路交通安全法》关于机动车超车的有关规定。

（1）防止超车时与对面来车相撞。超车时的恶性事故大多是对与对面来车相撞所致。造成这种事故的原因是违章强行超车，其中也不排除来车不礼让和未注意到体积小、速度快的来车等因素。但撞车一般均发生在左侧车道上，主要责任得由超越车承担。为防止与对面来车相撞，驾驶人在超车时必须注意以下事项。

1）视线不良时，禁止超车。

2）道路狭窄，两车并行侧向间距小于安全标准以下时，禁止超车。

3）前车未避让时，禁止超车。

4）当两车车速很高，超过规定的最高时速限制时，禁止超车。

5）超车过程中，发现前方来车危及安全时，应立即制动，停止超车。即使车头已超过前车，也要立即制动，采取避让措施，禁止勉强超车。

6）一旦超车，就要提前占据左侧道路的中央，并鸣喇叭示意，使前方来车及早发现本车，做好配合超车的准备。

（2）防止超车时与转弯车相撞。在超车过程中，当突然从道路两侧岔路上驶出汽车，挡住超越车或被超越车的行驶路线时，若制动不及时、措施不力，则会发生两车或三车相撞事故。为防止这种事故，要避免在交叉路口、丁字路口、铁路道口等处超车。在陌生的路段超车时，要做好突然从隐蔽路口处驶出汽车的准备。超车时，禁止过于靠边、车速过快。

（3）防止超车时与被超车相撞。超车时，与被超车发生相撞主要有 3 种情况：①跟随被超车太近，在被超车处理情况制动时，撞到被超车的后部；②被超车为避让障碍，向左转向，突然驶向路的左侧，此时己车若已经占据左侧路线开始超车，便不可避免地撞到被超车上；③超过被超车后，立即向左转向，过早驶入右行车道，被己车切断路线，撞到己车上。为避免上述情况的发生，超车时要注意以下几点。

1）跟随被超车不宜太近。跟随超车时车头应偏于被超车车身的左侧，以便观察前方的情况，同时也为被超车制动时准备好避让的空间。

2）密切注意被超车行驶的情况，从被超车行驶轨迹上判断被超车驾驶人的技术水平。如果被超车左右摇晃，行驶路线曲折，则表明被超车方向不稳定，不宜跟得太近，超车时要格外谨慎。

3）被超车虽靠路右侧行驶，但车速未减，如果不能肯定被超车是否让超车，便不能贸然超车。只有待被超车给出明确让车信号或让道也让速时，才能超车。超车时，若被超车速度仍未减，则超车可适当加快车速，以完成超车过程。

4）超车过程中，两车应尽量避免猛转向或突然制动，以免发生侧滑，引起撞车事故。

5）超过被超车后，应沿超车路线继续行驶一段距离，然后打开右转向灯再逐渐进入右侧行驶路线。

6）超车过程中，要保证与被超车有足够的侧向间距。小汽车超车时，与被超车侧向间距应不小于 1m。

（4）防止超车时掉入沟中翻车。超车时，超车过于靠边，转向轮一旦驶出路基，车身失去平衡，便会掉入沟中翻车。另一种情况是，超车时被超车突然向左侧转向，超车为避免撞车，只得也向左避让，从而驶出路基或造成翻车。为防止上述情况发生，超车时应注意以下几点。

1）要选择宽阔的路段进行超车，并保证左侧车轮与路缘有 1m 以上的间距。

2）超车过程中，转向盘要少转少回，稳住方向，不可为避让路面障碍而急剧地转动转向盘。

3）超车过程中，被超车突然驶入路中间时，超车应视情况做出避让，如果不可避免要造成翻车事故，可不做避让，宁可发生碰撞，也不要造成翻车事故。因为超车过程中，两车均是同向行驶，即使超车碰到被超车，碰撞力量也会不太大，造成的损失不会很大。但若超车时翻入沟中，损失必定很大，并且可能造成人员伤亡。

4）若汽车要掉入沟中，则应顺势回转转向盘，回转时不宜过急，以让掉入沟中的汽车在路基下方缓顺地驶上路面。当掉入沟中不可避免时，应保持车身正直地驶出路基，使汽车驶入沟中，避免翻车，以减少损失。

16. 如何让超车？

（1）行车中发现后车发出超车信号后，应根据道路、交通情况来决定是否减速让路。如果前方的道路的交通情况具备让车条件，在确保自身安全的前提下，应主动减速靠右行驶，必要时还可以开启右转向灯，示意后车超越。不能故意不让或让路不让速，甚至在超越时故意加速等。让超车全过程如图 1-20 所示。

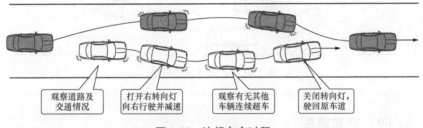

| 观察道路及交通情况 | 打开右转向灯向右行驶并减速 | 观察有无其他车辆连续超车 | 关闭转向灯，驶回原车道 |

图 1-20　让超车全过程

（2）正确处理突发情况。在让超车后，即使前方路面有障碍，也不能再向左急打方向绕行，以免造成超越汽车措手不及发生事故，只能紧急制动或停车，待后车超越后，确认安全后，方可驶入正常车道。

（3）后车超越后，应注意观察后视镜，确认后方无其他车辆超车时，开启左转向灯逐渐驶回正常的行驶路线，然后关闭转向灯，向前行驶。

（4）让车后，确认无其他汽车接连超越后，再驶入正常行驶路线。禁止超车一过就急切地转动转向盘驶回路中央，防止超车后面有跟着的超车而发生碰撞事故。

───── **特别提醒** ─────

（1）被超车不可一遇有车超车马上就让车，如果汽车行驶在道路条件和交通情况不允许的时候，不要勉强让超。应另选择合适的路段让车。在确保本车安全的前提下才能让车。

（2）缩短并行时间。后车在超越过程中，如因动力不足或前方突然出现情况，使两车长时间并行时，应主动减速，给对方超越创造条件，尽量缩短两车并行时间。

（3）让车不当的表现。让车不当的表现如图 1-21 所示。

1）让车不主动。当发现后车超越信号时，长时间不让车，这会引起后车驾驶人的不满、反感和急躁，遇到性急的驾驶人，采取强行超车的行动就会导致事故发生。

2）让车不坚决。让车应果断，不可犹豫不决，有的驾驶人在发现后车超越的信号后，既感到让车时机不好，但又做出了让车的行动，待后车准备超车时，又决定不让车，将车又驶回道路中间，给超越车造成威胁，这样的情况如果是在双车道上就容易出事故。

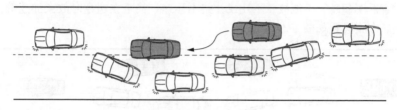

图 1-21　让车不当的表现

四、汽车停车

17. 汽车如何停放？

（1）机动车应当在规定地点停放。汽车必须在停车场或准许停放汽车的地点依次停放，禁止在车行道、人行道和其他妨碍交通的地点任意停放。汽车停放时，需关闭电路，拉紧驻车制动器操纵手柄，锁好车门。汽车在停车场以外的其他地点需临时停车时，还必须注意以下事项。

1）按顺行方向靠道路右边停放，驾驶人不准离开汽车，妨碍交通时必须迅速驶离。

2）在汽车未停稳前，禁止开车门和上下人；开车门时不得妨碍其他汽车和行人通过。

3）在设有人行道护栏（绿篱）的路段、人行横道、施工地段、障碍物对面，禁止停车。

4）交叉路口、铁路道口、弯路、窄路、桥梁、陡坡、隧道以及距离上述地点 20m 以内的路段禁止停车。禁止停车的路段如图 1-22 所示。

5）公共汽车站、电车站、急救站、加油站、消防栓或消防队门前以及距离上述地点 30m 以内的路段，除使用上述设施的汽车外，禁止其他汽车停放；大型公共汽车、电车除特殊情况外，禁止在车站以外地点停车。

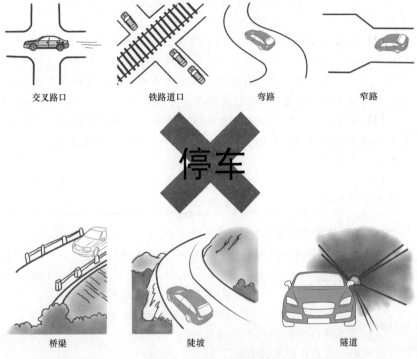

交叉路口　　　　铁路道口　　　　弯路　　　　窄路

停车

桥梁　　　　陡坡　　　　隧道

图 1-22　禁止停车的路段

（2）临时停车。

1）汽车临时停在车行道旁时，其停放位置应选在良好的视觉范围内，以便来往汽车及时发现，禁止将车停放在视觉盲区。在夜间遇风、雨、雾天需停车时，必须开示宽灯、尾灯，以显示停车位置和汽车的体积，禁止在夜间或黑暗处停车时不开启示宽灯或尾灯。

2）汽车因故障停车时，必须移至不妨碍交通的地点，在车身后设警告标识或开危险报警闪光灯，夜间还需开示宽灯、尾灯或设置明显标识。汽车在行驶过程中发生故障不能行驶时，必须立即报告附近的交通警察或自行将车移开。制动器、转向器、灯光等发生故障时，必须及时选择适当的地点停车，修复后方可行驶，禁止因停车不便而带故障行车。

特别提醒

停车注意事项

（1）停车后要认真检查驻车制动器操纵手柄是否拉紧，点火开关是否关闭，下车时尽量从车的右门下。禁止不观察车后情况突然打开车门下车。

(2) 在坡道上停车后，要在车轮下垫上砖石。在有路缘的坡道上，下坡停车时应将车轮转向右边，使右外轮前边卡在右边的路缘上；上坡停车时应将前轮转向左边，使右外轮后侧卡在路缘上。在坡道上禁止不采取任何防止汽车自动溜坡的措施停车。

(3) 禁止在公路转弯处或在危险地段停车。必须停车时应在停车地点前后约 10m 处设立醒目的警告标识，并开启车上危险报警闪光灯，以提醒来往汽车注意。

(4) 在汽车未停稳前，禁止开车门和上下人，开关车门不得妨碍其他汽车和行人通行。

---

18. 如何停车才不违法？

（1）漆画有停车泊位的地方，顺向停放（泊位内逆向停车仍属违法）。

（2）在停车场、小区（开放式小区除外）或单位院内停车。

（3）无禁停标识的机动车与非机动车混合道路。

（4）交叉路口 50m 以内不能停车。

（5）地上有黄色网格线不能停车。

（6）禁停标识有方向性，如图 1-23 所示。立在道路左侧，道路的左侧禁止停车，右侧可以停车；立在道路右侧，则右侧禁止停车，左侧能够停车。

图 1-23 禁停标识有方向性

19. 汽车停车如何避险?

为了防止机动车因临时停车与非机动车发生交通事故,机动车靠边停车的时候要开启右转向灯,驶离停车地点时要开启左转向灯。

(1) 防止开车门发生交通事故。汽车中途停车,随意打开车门,不仅会影响过往的其他汽车正常通行,而且还会导致交通事故。靠边停车也要注意防碰撞,临时停车是按照顺行方向紧靠道路右侧,停车地点占用了非机动车的通行空间,如果突然打开右边的车门,有可能与非机动车发生碰撞事故;如果突然打开左边的车门,有可能与绕行的非机动车、后边驶来的机动车发生碰撞。

(2) 行驶途中汽车发生故障的停车。机动车在道路上发生故障,需要停车排除故障的时候,驾驶人应当立即开启危险报警闪光灯,并且将机动车移至不妨碍交通的地方停放。机动车在道路上发生故障或者发生交通事故,妨碍交通又难以移动的,不仅应当开启危险报警闪光灯,而且还应当在车后 50~100m 处设置警告标识,如图 1-24 所示。夜间还应当同时开启示廓灯和后位灯,必要时应迅速报警。

图 1-24　故障车后设置警告标识

停车时,可将转向轮适当向右偏转一定的角度,这样一旦被后方来车追尾相撞,故障车会向右前方移动,从而避免汽车被冲撞到路的中间与迎面来车相撞。

(3) 夜间停车防意外。在夜间出行需要临时停车,不仅要把车停在不妨碍交通的地点,还应该注意,如果临时停车的地点照明不足,在停车的时候,要开启汽车前、后的示宽灯,以免被过往的汽车碰撞;如果临时停车的地点没有路灯照明,或者可能会有快速过往的汽车,那就应该开启危险报警闪光灯，这样可以更加有效地为过往汽车提供防撞信号，更好地防止因为夜间临时停车而引发的交通事故。夜间需要长时间的停车，又苦于没有停车位，或者在你的居住地汽车确实无处可停，夜间只好把车停放在路边上。属于这种情况，最好选择那些有路灯照明，而且还有摄像监控的地点夜间在这样的地点停放汽车，能够防止撞车事故的发生，一旦汽车被盗，报案之后也便于调查取证，为公安机关破案提供有利条件。无论是在居住地、工作地停车，还是在行车途中停车，都要提防汽车被盗抢。

（4）汽车在居住的楼群附近停车的方法。将汽车停放在居住区的楼群附近，这是很多驾驶人经常采用的停车方式。在居住的楼群附近停车通常应注意以下几个方面的问题。

1）观察地形。在楼群附近停车时，应先观察一下地形。先看一看是否堵塞了别的汽车的出路，再看一看自己的汽车停好后是否会被别的汽车堵住出不来。在楼群附近停车常发生被刮被蹭现象，这多数是自己停车堵塞了别人的通道造成的。

2）倒车方面。在楼群附近倒车时，最好先下车观察一下车后面是否有石墩、垃圾筐、台阶之类的障碍物。它们在倒车时很难从后窗或倒车镜内看到。

3）防止楼上掉物。汽车停放在楼下时，应尽量远离阳台，以防楼上的花盆或烟头之类的东西落在停放的汽车上而造成汽车受损。

第二章　复杂路段驾驶的应急避险技巧

一、坡道驾驶

20. 上坡道如何驾驶？

上坡道驾驶的关键是提前选择好合理速度和挡位，尽量避免中途换挡，所以应该在上坡前根据坡度大小选好挡位。坡度平缓，可在平路加速，利用惯性冲坡；上陡坡时需比平地更大的动力，上坡之前需降低挡位；接近坡顶时视线会受影响，看不清对面情况，要慢速行驶，随时准备制动。

（1）上坡道驾驶。

1）汽车坡道上起步除了按一般平路上起步的程序和要领外，坡道起步的关键是加速踏板、离合器踏板的离合（即"油离配合"）和放松驻车制动器操纵杆的时机。

2）坡道起步失败的情况。坡道起步失败的情况主要有：发动机熄火和起步后溜车。其原因主要有：①踩加速踏板稍慢；②驻车制动器操纵杆松的时机不对；③踩加速踏板和离合器踏板时配合不好。

特别提醒

只要掌握了离合器踏板、加速踏板和驻车制动操纵杆的配合要领，就能做到坡道起步迅速、平稳和准确。动作要协调迅速，时机把握要准确，放松驻车制动器操纵杆若过早，车辆未能获得足够的牵引力而会后溜，放松驻车制动器过迟，则会因制动力过大不能起步，造成发动机熄火。

（2）上坡道停车。上坡道停车时，应先选好停车地点，并逐渐将车驶向右侧，先放松加速踏板，然后踩下制动踏板（比在平路时的踩踏力小），在汽车将要停下时，踏下离合器踏板，再重踩制动踏板，并且要踩住不放（防止汽车向坡下滑溜）。若要熄火发动机，则应拉紧驻车制动器操纵杆，并将变速器挂入一挡，必要时在车轮后垫上三角木或石块，并将转方盘转向右侧。跟随前车排队停车时，需要留出比平路上更大的间距，防止前车起步时后溜而发生追尾碰撞。

─────────── **特别提醒** ───────────

无级变速的汽车上坡时，只需根据坡度踏下加速踏板。自动挡车上坡时，应在上坡前根据坡度情况将变速杆分别置于低速"S"挡或"L"挡，下坡后再置于前进挡（或称高速挡）。

手动挡的车上坡时，应根据坡度使用稍低的挡位，需快速换高速挡时，冲车距离要适当延长，否则换挡后会感到动力不足，造成停车甚至后溜。换挡时，动作要准确、迅速。换挡后，要立即踏下加速踏板。上坡快速减挡时，除掌握常规操作要领外，还须特别注意将换挡时机较平时稍提前一点，并在减挡前要注意动力，听准发动机的声音，如果感到动力不足，则应迅速减挡。换挡后，必须迅速跟上供油，以保持足够的动力。必要时，可以用提高发动机转速的方法提前或越级减挡。快速换挡的关键在于将离合器踏板踏下的动作要快，不需踏两次离合器踏板。踏下离合器踏板同时摘挡，并立即挂下一挡位，挂入挡位后立即松抬离合器踏板，同时跟上供油。快速换挡时禁止强行摘挡和摘挡后在空挡停留；禁止动力丧失时还强行挂挡，以免造成汽车停顿或后溜。

─────────────────────────────

21. 在上坡中突然下滑如何避险？

汽车在行驶上坡过程，如果汽车重载上坡动力不足，或换挡失败导致汽车突然下滑时，千万不要慌，要迅速使用手、脚制动器进行停车，不然，汽车在重力的作用下会向下越滑越快，这样会越来越难控制。

如果汽车突然下滑，且制动无效、不能使汽车停下来时，此时汽车向后溜滑是十分危险的，此时也不要慌张，一定要集中精力控制方向盘，尽量避开道路上的危险目标，使车尾逐渐向路边的岩石、大树、山体、土堆等天然障碍物靠近，以便利用路边的天然障碍物阻止汽车的下滑；也可以把汽车驶入路边的沙地、农田，以缓冲或消耗掉汽车下滑的惯性能量，以使事故损失最小。

当汽车停止下滑以后，即可在车轮下垫塞三角木、石块等物体，然后再重新启动行车。

22. 在坡道上如何倒车？

（1）汽车向上坡方向倒车。起步时，要按坡道起步的方法操作，要控制好加速踏板，以维持均匀的速度向后倒车；停车时，踏离合器踏板与踏制动踏板要同时进行，但踏离合器踏板要略快，以免熄火。上坡倒车时禁止倒车动力不足；禁止停车时不及时踏制动踏板。

（2）汽车往下坡方向倒车。起步时，松驻车制动器操纵杆的时机不可过早，应与松离合器踏板同时进行；倒车时，右脚应踏在制动踏板上，先利用发动机怠速减缓汽车后倒的速度，还可视情况使用制动倒车；停车时，随着离合器踏板的踏下，立即把制动踏板踏死，防止汽车后溜。下坡倒车时禁止将加速踏板踏下得过多，禁止将离合器踏板踏下得过早。

───── **特别提醒** ─────

不论上坡倒车还是下坡倒车，在停车、拉紧驻车制动器、驾驶人松抬制动踏板时，车身朝下坡方向均会有几厘米至几十厘米制动间隙的滑动。此时，应禁止在停车下坡方向有人员或怕碰撞的物体过于靠近车体。

23. 通过坡道后就接着转弯时，如何安全行车？

有些道路上坡后就接着转弯，当驾驶人驾车在这种上坡道上行驶时，视线不清，不知道前方上坡转弯处的情况。如果驾驶人驾车行驶到坡上才发现转弯，常会手忙脚乱，引起操作失误或来不及采取措施而造成事故。

（1）道路下坡就转弯容易使驾驶人造成视觉上的误差，会感到转弯道是上坡弯道，从而进行不必要的加速行驶，这也会成为超速翻车的诱因。如果在直路上有几个变坡点（上下坡），或者在上下坡中有几个弯道，同样会给驾驶人带来视觉不平衡，易发生判断错误而酿成事故。所以驾驶人遇坡道转弯时，应及时降低车速，要沿着右侧车道行驶，禁止占道行驶。行车时要预见转弯处和上坡处可能有复杂的交通环境，做好随时转向和停车的准备。对陌生的上坡路，更应谨慎驾驶，不可盲目通过。

（2）汽车在山路上行驶，特别是在通过长陡坡时，最好采用间歇制动，这样有利于制动鼓和制动蹄片的冷却。踏制动踏板时要有预见性，当车速刚达到道路情况所允许的限度时，应施加适当的制动力，使车速均匀地降低并保持稳定。制动时，应将制动踏板踩踏两次后，用脚压住制动踏板，使制动踏板处在较高的监控制动的界限。需增加制动力时，往下踏一点；需减少制动力时，则稍抬一点。在制动踏板高度逐渐降低后，可再踩踏两次，使制动踏板高度重新升起。

───── **特别提醒** ─────

注意事项

山路下坡时禁止长时间使用制动器，以免制动鼓和制动片经长时间摩擦产生高温而烧蚀，导致制动失灵。对于使用气压制动器的汽车，应注意观察气压表，以免多次长时间使用制动器，造成气压过低，制动失灵。

24. 在坡道上驾驶如何避险？

（1）注意坡道的存在。可以通过观察道路标识，如"坡道"和"坡度"等标识得知坡道的情况，然后根据道路实际情况控制行驶速度。

（2）控制下坡车速，不要依靠估计的车速，要注意观察车速表的显示，确认速度在安全范围内。

（3）绝对不允许在下坡转弯路段变更车道、超车。

（4）在设有爬坡车道的上坡路段，大型客车、货车应在爬坡车道上行驶。速度较快的小型客车不可随意驶入爬坡车道。

二、通过桥梁

25. 通过便桥、便道与险桥时，如何安全行车？

公路上的桥梁各种各样，结构材料不尽相同，承载能力也各不一样。常见的桥梁主要有水泥桥、拱形桥、木桥、浮桥、吊桥和便桥等。通过不同桥梁时，均应根据不同的情况，采取适当的操作方法，以保证安全顺利通过。

（1）通过桥梁前，应注意桥头附近的交通标识（如限速、限轴重、载重限量等），并遵守限制车速和载重量及轴重的有关规定，并适当减速、鸣喇叭。若自身车总重量超过通过桥梁的载重限量，则不能通过桥梁，可卸掉部分载物，符合载重规定后再通过。

（2）通过时与前车保持安全距离，减速通过，不得在桥上停车。遇到窄桥时，如果发现来车距离桥头较近，则应主动靠近停车，待来车通过后再前进，如图2-1所示。如果来车速度很快，即使距桥头较远，也要警惕其抢先上桥，必须有及时的准备，避免发生桥上撞车事故。对于不同的桥梁，还需做出不同的处理。

图 2-1　通过窄桥

（3）便道、险路上行驶要注意行驶路线的选择，无特殊情况不得在此路上停车，以防陷车。要加强与其他车的协作礼让，遇到陷车就积极相互救援。

（4）遇到便桥要提前减速，用低挡缓行通过。遇到险桥应停车检查，必要时可下客、卸货减载通过。有的跨涧（溪）便桥仅是两块跳板，桥的两端可能是陡坡急弯，一定要慢行，谨防出轨和断桥事故发生。

（5）遇到冰雪覆盖的弯路、坡道、河谷等危险地段时，应特别注意选择行驶路线，必要时停车勘察。根据道路特点确定正确的驾驶操作方法，不得冒险闯入。驶出险道和通过碎石路段后，要停车检查清除夹在两轮胎间的石块等杂物。

26. 通过水泥桥、石桥时，如何安全行车？

（1）通过水泥桥、石桥时，如果桥面为双车道，而且桥头连接处及桥面平整，可按一般驾驶要领通过。如果桥面不平或比较狭窄，则应减速通过。

（2）通过拱形桥，看不清对方汽车和道路情况时，应减速鸣喇叭靠右行驶，随时注意对方来车，在减速的同时，做好制动准备。

（3）通过木桥时应提前减速，对准车道缓行通过。如果发现桥面板松动，则要预防道钉刺入轮胎，过桥后应根据情况做停车检查。

（4）通过吊桥、浮桥、便桥如图 2-2 所示，应换入低速挡，慢速平稳通过，禁止在中途制动、变速和停车起步，以免引起对桥梁的冲击，造成桥的坍塌。

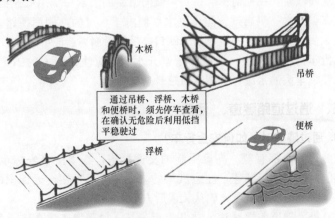

图 2-2　通过吊桥、浮桥、便桥

---------- 特别注意 ----------

如果发现桥面比较狭窄，万万不可冒险通过，应看清前方是否有来车，如果对面方向有来车，桥面会车就会有一定困难，应主动在桥头宽阔地段停车等候对方车辆先行通过，不要加速抢行。

27. 通过漫水桥或漫水路时，如何安全行车？

通过漫水桥或漫水路时，应停车查明水情，确认安全后，低速通过，如图 2-3 所示。

图 2-3   通过漫水桥或漫水路

汽车通过漫水路面或漫水桥时，应以均匀速度沿固定路线一口气通过。如果通过漫水路面、漫水桥刚经过洪峰的冲击或长期未有汽车通过，禁止凭经验通过，应先探明路面和桥面是否损坏，并重点查明靠上水的一侧路面和桥面，若有损坏之处，应用醒目的标识指示。通过水淹的沙石或泥土路段时，在摸清情况后，应偏向道路的上水一侧用低速挡行进。禁止汽车偏下水一侧通过，防止下水一侧由于水流的冲刷而使路基或桥面土石大量流失，形成凹坑、出现缺口，受压后崩塌造成事故。

在汽车行驶过程中，视线尽量避开水流，应注视前方的固定目标，禁止只注视车头的水流，否则容易眩晕造成失误。

三、 通过道路隧道、 涵洞

28. 通过隧道时，如何安全行车？

在隧道前面都有宽、高等限制的交通标识，必须按警告标示行驶。通过涵洞时，要适当减速，注意汽车的装载高度是否在交通标识的允许范围内，必要时下车查看，确认无误后方可缓缓驶入。

（1）进入隧道前要减速，并开启近光灯。白天驾车进入隧道的同时光线瞬间变暗，往往此时人眼会短时间内难以适应，因此在进入隧道前

100m 左右应当降低车速，拉开车距，同时开启近光灯，如图 2-4 所示。保持低速度安全驶入隧道，一般车速不要超过 60km/h，具体的可以根据隧道前的限速提示来行驶。

（2）进入隧道要保持车距。进入隧道后，将视线关注点移到隧道的远处，不要看两侧隧道壁，注意保持行车间距。一般隧道内行车安全距离要保持 100m 以上，如果隧道的长度比较长，则需要根据提示来保持相对应的行车安全距离，如图 2-5 所示。

图 2-4 进入隧道前开启近光灯　　　　图 2-5 进入隧道要保持车距

（3）在隧道内不可随意变更车道。进入隧道内特别是出隧道口时光线差，并且通常只有两三条车道，因此隧道内严禁变换车道，请一定按照所在车道行驶，更不能进行超车，随意变更车道会出现各种危险情况。

（4）隧道内行驶不得停车。正常情况下隧道内不得停车，因隧道空间小，在隧道内停车易发生事故。隧道内发生事故救援难度大，如发生撞车起火等极易引起群死群伤的严重事故。如果需要停车，应尽快开启危险报警闪光灯，然后再设法将汽车转移到隧道外。

———————————— 特别提醒 ————————————

隧道行车车辆出现故障的处理

（1）如果车辆出现有可能随时会在路上抛锚的故障时，尽量不要驶入隧道，万一在隧道中出现故障可能要比隧道外出故障危险得多。如果已经察觉车辆出现故障了，请尽快停在路边。

（2）如果汽车在隧道中出现故障，只要汽车还能行驶，应尽可能把车驶出隧道，严禁隧道内停车。

（3）如果确实在隧道内车辆出现故障无法行驶，应当靠边停车，开启危险报警闪光灯，保证安全的情况下取出三角警示牌放置在车后，同时车内其他人员尽快远离车辆，撤离到隧道安全区域处等待。

（4）隧道中光线差，出现故障时一定要及时撤离并寻求专业救援，切勿自行下车维修，昏暗环境下不仅不具备维修条件，而且存在很严重的安全隐患。

（5）驶出隧道，注意观察。驶出隧道前，应通过车速表确认行车速度，不能凭直觉判断车速；到达出口时，握稳转向盘，以防隧道口处的横向风引起汽车偏离行驶路线；驶出隧道时，要注意观察隧道口处的交通情况，在出口处及时鸣喇叭，预防发生事故。因为山路隧道和整个山体的结构的原因，出隧道时不一定是笔直的路面，很有可能是弯路，不减速非常危险。特别是一些山区的隧道，出隧道时要更加小心，不少乡民喜欢在隧道口纳凉，有些人甚至拿着凉席铺在路边躺着休息，要有心理准备，注意躲避。

（6）驶出隧道后迅速提速。与驶入隧道时相同，驶出后仍然会由于光线变化造成眼部的不适，一般在快要驶出隧道的时候，都有一个提示性标识，因此，驶出隧道时要注意放慢车速，在眼睛适应外界光线后迅速离开，以免给后车造成危险。但在亮适应过程中切勿盲目加速，以免因视力瞬时下降不适应环境而造成危险。

特别提醒

注意事项

（1）无人管制，自己观察。通过无管制的单行隧道，在接近隧道口时，要对隧道内和隧道的另一端入口进行仔细观察。如隧道内已有汽车驶入，就要主动停车避让；如另一端入口也有汽车即将进入，应用远光灯示意，来车一旦驶入隧道，自己就应立即停行；如果对方车做出避让，自己就要抓紧时间率先通过。注意双方汽车不可抢行，否则会在隧道内"顶牛"。

（2）有人管制，听从指挥。通过有管制的单行隧道，如有指挥人员时，应严格听从其指挥；如是灯光控制的隧道，红灯亮时要立即停车，绿灯亮时才可通过。通过单行隧道时，要打开前照灯，一为照明，二为提示对方。通过双行隧道应靠道路右侧行驶，视情况开启灯光，注意交会汽车，保持车速，尽量避免超车。

（3）与一般路段相比，隧道是很容易出事故的地方。由于驾驶由明处突然进入隧道暗处，眼睛不能马上适应，有些驾驶人感不舒服，并产生与隧道内壁相撞的感觉；有些驾驶人看到两侧墙壁飞快地向后移去，甚至会产生恐惧感。这些都大大增加了驾驶人的心理负担，可能因此向左或向右打转向盘，很容易与两侧墙壁或并行的汽车相撞，造成事故。

（4）合理使用空调内循环。在隧道内行车最好不要开窗户，因为隧道内的空气流通不畅，并十分污浊。如果打开车窗行驶，隧道内其他车辆产生的尾气就会进到车内造成车内空气的污染。因此在隧道内行车最好是关窗户并开启空调内循环来保持车内的空气流通。

29. 隧道驾驶时如何避险？

隧道是高速公路上行驶最危险的路段之一，发生的交通事故主要有：与前车追尾、与隧道内壁刮擦、与侧方汽车刮碰等。

汽车在隧道行驶中如果发生重大事故，如交通事故、火灾等情况，先不必慌乱，可通过以下几种方法积极自救，如图 2-6 所示。

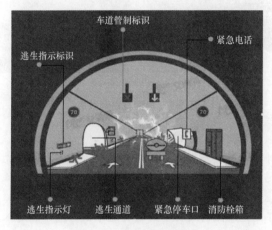

图 2-6　隧道内自救方法

（1）使用电话向外求助。如果车辆在隧道内出现故障不能行驶，首先不要慌张，应在确保安全的情况下尽快向外界求助。目前很多隧道内手机是有信号的，如果手机没有信号，长一些的隧道内墙壁上都设有紧急救援电话可供使用，并且在显著位置有标识，可以借助这样的设施向外求助。

（2）使用隧道内的逃生通道。万一在隧道内遭遇重大事故，逃生就显得尤为关键。如果隧道距离不长，在保证安全的前提下沿着路边向隧道最近的出口逃生。如果隧道很长或是道路已经被堵塞，要及时找到人员安全逃生通道快速撤离。

（3）打开卷帘门逃生。有的隧道的车行通道防火门采用了卷帘门的形式，正常情况下处于关闭状态，紧急情况时有 3 种打开的方式：①通过隧道中控室可远程控制开启；②在卷帘门处按动开启按钮自动打开；③采用手动方式，按住把手用力向上提打开卷帘门。打开卷帘门后就可离开隧道。

特别提醒

注意黑洞效应与白洞效应

汽车驾驶人在进入隧道的瞬间，眼前会突然一黑，难以辨别前方路况，而出隧道的瞬间，眼前会突然白花花一片，也无法看清路况。这样的状况被称为隧道黑洞与白洞效应，如图 2-7 所示。

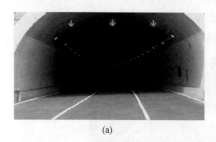
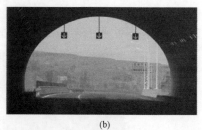

(a)　　　　　　　　　　　　　　　　(b)

图 2-7　黑洞与白洞效应

(a)黑洞效应；(b)白洞效应

隧道内外光线亮度差别很大，同时也受天气如阴天还是晴天等环境影响。光照越强烈，黑洞与白洞效应会越明显，带给驾驶人的安全隐患也就越大。

(1) 为了避免因黑洞效应导致的交通事故，汽车在进入隧道之前就要降低车速。要根据交通标识的提示控制车速，必要时可提前开启示位灯和近光灯。待眼睛适应隧道内的暗环境之后，才可以适当提速。进入隧道之后要谨慎驾驶，不可在隧道内紧急制动、急打方向、超车、倒车、掉头、停车。

(2) 汽车在隧道出口处，一方面，要注意白洞效应带来的视觉障碍，在汽车驶出隧道之前，还应该再次降低车速；另一方面，还要防止突然出现的横向风有可能造成汽车行驶跑偏的危险。

四、 通过铁路道口

30. 如何通过铁路道口？

汽车通过铁路道口时应提前降低车速（一般不得超过 20km/h），密切注意两边有无火车驶来，应当按照交通信号或者管理人员的指挥通行；没有交通信号或者管理人员的，应当减速或者停车，在确认安全后通过。严禁与火车抢行。在铁路道口等待栏杆开启时，应尾随前车纵列停放，不应加塞抢前，以免造成交通堵塞。

(1) 安全通过有信号灯的铁路道口。

1) 有信号灯的铁路道口，在相距铁路道口一定距离的地点设有警告标识，如图2-8所示。

设置信号灯的铁路道口有值班人员看守，在铁路道口的入口处设置有安全栏杆。铁路道口的信号灯与道路上的信号灯有所不同，闪烁的黄灯警示过往汽车注意安全，红灯用于发出禁止通行信号，在两个红灯交替闪烁或者红灯亮时，栏杆放下。此时，汽车应该在铁路道口以外的停止线之后停车等候，如图2-9所示。

图2-8 设有警告标识

图2-9 红灯亮时停车等候

2) 车辆穿越铁路道口时，应一次性通过如图2-10所示，不得在火车行驶区域内换挡、制动、停车、倒车或空挡滑行，遇道口内的路面凹凸不平时，要注意防止车辆跑偏和侧滑，两手应紧握转向盘，把握好行驶方向，保持直线匀速行驶。

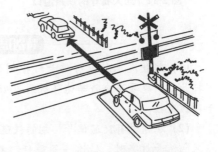

图2-10 一次性通过铁路道口

(2) 安全通过无信号灯或无人看管的铁路道口无信号灯的铁路道口一般没有专人看守，也不设安全栏杆。无信号灯的铁路道口一般设有相应的交通标识和交通标线。无人看守的铁路道口如图2-11所示。

1) 通过无交通信号控制或无人看管的铁道路口时，在路口外停车观察，做到"一停、二看、三通过"。为了确保行车安全，汽车在通过铁路道的时候，最高行驶速度不要超过 30km/h。

2）在双轨道口遇一侧列车驶过后，要提防从另一个方向驶来的列车。如果发现有危险情况，立即停车，不能强行通过。

3）跟车通过铁道路口，要注意观察前车的动态，确认路口对面有足够停放空间才能通行，不得在路口内停车等候。在铁道路口内出现故障时，应迅速设法将车移出路口。如果短时间移出路口有困难时，先设法告知列车，然后再尽快设法使汽车离开路口。

（3）在铁路道口等待放行时，车辆应按先后顺序依次排队，不可超越前方已停车等待的车辆，更不能占用逆行车道，以防道口放行时造成交通堵塞。放行时不要争道抢行，还要特别注意其他车辆、行人的交通情况。图 2-12 所示为尾随前车通过铁路道口。

图 2-11   无人看守的铁路道口

前车驶出道口一个车位距离后，才能驶入道口

图 2-12   尾随前车通过铁路道口

特别提醒

（1）驾驶汽车驶近有信号灯控制的铁路道口时，即便是红灯熄灭、栏杆升起，也要事先将车速降低到 30km/h 以下，以免通过铁路道口时汽车颠簸失控。

（2）在通过有交通信号控制的铁道路口时，要严格遵守信号灯指挥，在绿色信号灯亮时，低速一气通行，不得在道口内变换挡位。遇报警器鸣响或红灯亮时，停车等候，不准抢行通过铁道路口。

31. 通过铁路道口时，如何避险？

如果车辆一旦在铁路上熄火，必须立即设法把车移离铁路。驾驶人应立即采取应急措施：①车辆上的人员要迅速下车，用人力将车推至安全区，如图 2-13 所示（见文后彩插）；②调用其他车辆将故障车拖走，如图 2-14 所示；③挂入 1 挡或倒挡，借助起动机的动力，将车驶离铁路。

以上办法均不能奏效时，应设法告知火车驾驶人，采取紧急制动措施。当铁路道口有故障报警设施时，立刻按下报警装置。当铁路道口没有故障报警设施时，使用烟幕罐。烟幕罐也没有时可以使用手绢、衣服或醒目的布料，向火车驶来的方向晃动红色衣物等，以减少撞车的可能性和减轻碰撞的危害程度，如图 2-15 所示。

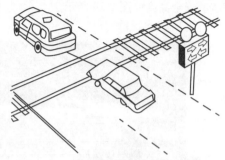

图 2-14　调用其他车辆将故障车拖走

按下紧急信号报警器

晃动红色衣物

图 2-15　设法告知火车驾驶人

特别提醒

为了防止在汽车通过铁路道口的时候发动机熄火，在汽车通过铁路道口之前就应该降低车速，使用低速挡或者中速挡行驶，以免在行至铁路道口时因换挡而造成发动机熄火。

五、涉水驾驶

32. 积水路段如何安全行车？

（1）行车中遇到水洼地段，应该减速或停车观察。只要水位达到保险杠或轮胎的 2/3 处，再涉水行驶就有一定的危险了。速度快会增加汽车的实际过水深度，导致雨水从机舱或从底盘进入驾驶室内。应避免与大车逆向迎流行驶。如通过观测，水位较高，应尽量绕行，勿强行通过。

涉水的安全高度如图 2-16 所示。

车主可以将轮胎作为参照物。当积水深度在轮胎一半以下的高度时，车主可以放心通过，正常情况下是不会有问题的；如果水深已经超过轮胎一半以上了，通过会有一定风险

图 2-16　涉水的安全高度

避免泥水溅污行人

图 2-17　降低车速通过

（2）若周围有行人或非机动车，则应降低车速通过，如图 2-17 所示。因为即使以极低的速度通过也会激起很大的水花，溅泼到行人或非机动车上。

（3）当汽车只有一边的车轮进入深水洼时，应特别注意，由于水的阻力，会使转向盘扭转，驾驶人会急忙用力握住转向盘。可是，当驶出水洼时，由于余力的作用会使车驶向相反的方向。所以，在车通过水洼后，禁止将转向盘握得过紧，应根据转向情况和行驶阻力及时回转转向盘。

（4）遇坚硬路面上有水洼时，可慢慢驶入，以免高速驶入时溅起的水花使电气系统发生故障。遇泥土路有水洼时，为防止水洼变成泥泞状态，应高速通过，禁止慢速行驶，以免汽车打滑陷车。

（5）汽车涉水时除了要保持较低的车速外还要尽可能不停车、不换挡，加速踏板不回收，也不要加速。应该低挡中高加速踏板匀速通过，而不能快速驶过溅起大浪或水花。

33. 发动机在水中熄火时，如何避险？

汽车在涉水过程中发动机熄火，千万不能盲目再启动，应根据不同的情况区别对待。图 2-18 所示为汽车在涉水过程中发动机熄火。

图 2-18　发动机熄火后不能盲目再启动

（1）发动机转速过低熄火。汽车消声器的位置一般位于车身底板的下方，由于消声器的位置比较低，行驶中容易被积水淹没，如果此时发动机又在低速运转，积极水会造成消声器排气不畅，结果导致发动机熄火。属于这种情况的发动机熄火，可以重新启动发动机，把汽车开出积水路段。

（2）高压线漏电熄火。汽车涉水时水面波动，风扇还会溅起水花，如果积水滴落到高压线上，会造成高压线漏电，导致发动机熄火。此时，可打开发动机厢盖，把高压线表面的水滴擦干，然后再启动发动机。

（3）气缸进水熄火。气缸进水后的熄火可分为两种情况，一种情况是大量的水进入气缸，迫使发动机在积水中熄火；另一种情况是气缸内进入了少量的水，汽车在积水中没有立刻熄火，驶出水坑之后才逐渐熄火。应首先确认空气滤清器是否进水，打开空气滤清器盖，取出空气滤清器的滤芯。如果滤芯是干燥的，表明气缸没有进水，如果空气滤清器内部有水，或者空气滤清器的滤芯已经被水湿润，则表明气缸内已经进水。这种情况就不能启动发动机了，否则，将会造成发动机严重损坏，如图 2-19 所示。

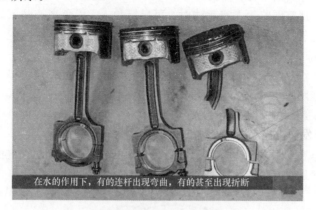

在水的作用下，有的连杆出现弯曲，有的甚至出现折断

图 2-19　发动机严重损坏

34. 汽车发动机气缸已经进水时，该如何处理？

如果确认气缸已经进水，无论发动机能否启动，都需要对发动机进行以下处理后，才能继续使用。

（1）拔下分缸线并拆下各缸的火花塞，用启动机带动曲轴旋转，以便将气缸内的水经火花塞座孔向外排出。在拔下分缸线的时候，要记住各缸分缸线与火花塞的插接顺序，以便按照原来的顺序插装分缸线。如果分缸线的插接顺序错乱，将会导致发动机不能正常点火。

（2）如果发现气缸进水，应该拧下发动机油底壳下部的放油螺塞，将发动机内部的废机油放出，然后添加新品机油。添加新品机油之前，还要更换机油滤清器。

35. 汽车涉水后该如何处理？

汽车涉水后，应选择空阔地点停车，卸除防水设备，擦干电器的受潮部分，注意清除散热器及车身上的漂流物、轮胎间的内嵌石以及底盘上的水草杂物等。启动发动机，让发动机升到正常温度，烘干发动机的潮气和水珠。

检查确认汽车技术状况完好后，应及时排除制动片水分，尤其是鼓刹制动的汽车，否则汽车在涉水后会失去制动，造成严重危险或事故。具体方法是，低速行驶同时踩加速踏板并轻踩制动。反复多次，使制动鼓与制动片通过摩擦产生热能蒸发排干水分，待制动效能恢复后，再转入正常行驶。

━━━【特别提醒】━━━

禁止汽车涉水后不做清除工作就继续行驶；汽车进水后，禁止不烘干制动片就在行车时使用制动，这样常会因制动器内潮湿而使制动失灵。

36. 如何解除发动机水淹或涉水后的隐患？

（1）涉水不及轮胎的 1/3。涉水分为不同的程度和级别，如果只是稍微涉水，程度不及轮胎的 1/3，则只要自己稍做检查就可以排除隐患。看看底盘有没有附着一些垃圾，一般雨水是偏酸性的，会腐蚀漆面和轮胎橡胶，出于爱惜车漆和轮胎考虑，应及时对车进行清洗。

（2）水淹至轮胎 1/3 处。如果涉水超过了轮胎的 1/3 处，要及时清洗隔音棉。淹水是否超过轮胎的 1/3，是涉水后是否要去检修的界限。因为超过这个界限，水会通过车底板的透水孔往上渗透，从而弄湿底盘内部的隔音棉。水位越高，隔音棉吸水越严重。已吸水的隔音棉要及时拿出来烘干或晒干，若不予以理会，会让爱车"复发"第二次甲醛污染，影响驾驶人健康。另外也会导致汽车底盘部件生锈或腐蚀。酸性雨水与隔音棉的添加剂和各种胶质会产生化学反应，各种气体和怪异味道就会产生，对驾驶人身心会产生影响，所以隔音棉的拆卸和烘干很必要。因为隔音棉在车底盘里面，拆下来会比较麻烦，要将中控台和座椅全部卸下，才能将其取出。

（3）水淹至轮胎中轴位置。水淹至轮胎中轴位置及以上，就意味着汽车有冲水现象，那就不光是隔音棉的问题了，车内的各种机密部件也需要检查一下。除了要烘晒隔音棉外，最为关键的是检查各种油液，以排除进水情况出现。首先将火花塞拔出，查看里面燃烧的情况，如果燃烧出现发黑迹象，则表明进排气系统有进水情况，需进行清洗。再看发动机内部，用机油尺测量一下油液，看是不是已变色。如果被查出有进水现象，则需要更换机油。然后将变速箱的加油孔打开，检查变速箱油的情况。

第三章　复杂道路驾驶的应急避险

一、山区道路驾驶

37. 山区陡坡路段如何安全行车？

山区道路依山傍水，临崖靠涧，坡长弯急，崎岖不平，视线不良。雨季到来之际，还可能发生山洪、岩石滚落、泥石流、桥涵损毁的情况。山区行车，潜伏危险性大。

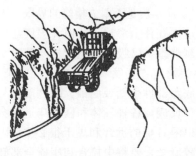

图 3-1　将车尾抵向山坡

（1）上坡行驶或上坡起步时，如果出现后溜或者发动机熄火的危险情况，左脚要迅速踩下离合器踏板，右脚同时从加速踏板移动到制动踏板上，并且要立即踩下制动踏板，待汽车停稳之后拉紧驻车制动手柄（俗称"手刹"）。若遇汽车失控后溜，可转动转向盘将车尾抵向山坡一侧，利用天然地势将车停住，如图 3-1 所示。

上坡行驶的加挡时间，比平路行驶时要推迟一些，即提速时间要适当延长，待车速提高、发动机运转有力的时候，再迅速换入高一级挡位。在路面允许的条件下，应该采取"冲坡"的方法，在临近坡道前适当提速，对于短坡可以利用汽车惯性到达坡顶；对于长坡，冲至中途感到发动机力有所下降的时候，要及时减挡，尽量避免在坡道上停车起步。

（2）下坡行驶下坡起步可根据坡度大小，选择比平路起步高一级的挡位。与平路起步相比较，放松手制动的时间可略早，加速踏板要踩下得少一些，提速的时间和距离也应该明显缩短。下坡行驶加挡动作要迅速，在空挡停留的时间要短，或者是一带而过。在较陡的下坡道路上行驶，变速杆应该置于中速挡或低速挡，以便利用发动机制动。当需要强制减速的时候，要间断踩下制动踏板（俗称点刹），不可长时间踩下制动踏板不放松，以免制动器过热，导致制动失灵。下坡减挡时，要先踩下制动踏板降低车速，随后迅速减挡。

───── **特别提醒** ─────

如果驾驶的是自动挡汽车，在陡峭的山区道路行驶不要使用D挡，应该选用S挡（2挡）、或者L挡（1挡），这样在汽车上坡时有较好的动力性，下坡的时候能够利用发动机牵阻制动来控制车速。

38. 通过陡坡路段时如何避险？

驾驶汽车通过陡坡路段时，驾驶人要把注意力侧重于路面以及靠山体的一边，并且要注意观察交通标识。不要无谓地窥视崖下深涧，以免产生不必要的紧张心理。如果发现对面有来车，要及时选择会车地段或停车地点。

（1）行车途中，留意沿途交通标识。由于山区道路情况复杂，在一些特别路段，设置了很多警示性标识。行车中要格外注意，小心驾驶。

（2）控制速度，慎过弯道。山区道路的弯道，在树木、山体的遮挡下，盲区较多，视野极差。通过山区弯道，特别是过急弯时，务必按照"减速、鸣号、靠右行"的原则，提前降低车速，避免猛打转向盘，尽量不要换挡，以平缓小心的姿态通过弯道。

（3）慎选挡位，安全上坡下坡。山路弯多弯急，坡多路陡，对此应提高警惕、小心行驶。若是上坡，应提前观察路况，根据坡度选择合适的挡位，保持发动机足够的动力，使汽车平稳上坡。当坡度较陡时，建议采用低速挡，以免上坡途中因为动力不足再降挡，影响安全。若是下坡，且坡道较长，建议多减一挡，充分利用发动机制动来降低车速。非特殊情况尽量不要制动，以免制动片因使用时间过长而发热失效。如果是雨雪天，制动还可能造成侧滑。下坡时应稳定车速，严禁空挡滑行或熄火下坡。因为熄火后制动助力和转向助力都随之失效，危险性不言而喻。

（4）控制间距，安全跟车，下坡减挡要先踩下制动踏板降低车速，随后迅速减挡。当视线模糊、路况不明时，应进一步扩大跟车距离。

（5）山道行驶，应避免超车。要尽量避免在坡道上超车，尤其是不要在弯道路段超车。若非超不可，请尽量选择宽敞地段。超车前，打开转向灯传达超车意图，并鸣喇叭示意。若对方让道，再安全超越。在有禁止超车标识或法规不允许超车的路段，严禁超车。尤其是陡坡，不可预期的因素很多，容易引发事故。

（6）减速慎行，安全会车。山区道路弯多路窄，会车时，也无须过于紧张。一方面，注意观察对方来车的情况，主动选择安全地段减速或停车。另一方面，会车时要注意路缘的情况。若行经被杂草覆盖，或经雨水浸泡后的路面时，最好下车勘探后再会车。当两车在靠山体的窄路上狭路相逢时，靠山体的一方应当礼让不靠山体的一方先行。

特别提醒

（1）会车于狭窄的悬崖路段，如果是靠向山体一侧，可以大胆贴近山体。如果是靠向悬崖一侧，则不能盲目乱靠边。即便汽车突然失控，也要设法靠山体一侧，宁可选择撞车，也要尽可能避免翻车。

（2）山路行车与公路环境不同，驾驶人不必完全遵守靠右行驶的原则，特别是在山路狭窄的情况下，在对面无来车的前提下，可以在道路中间行驶。一旦遇到对面来车，只需稍微减速，并同时往右侧回位，让对方通过即可。

39. 通过山区峡谷路段时，如何安全行车？

汽车行驶在山区峡谷路段，可能会遇到塌方、泥石流、山洪以及雪崩等自然灾害。因此，要注意以下事项。

（1）驾驶机动车通过傍山险路，要靠右侧谨慎驾驶，避免停车。在较窄的山路上行车时，如果靠山体的一方车辆不让行，要提前减速并选择安全的地方避让。

（2）进入危险地段应认真观察，若前方路面有散乱的大小石块、泥块或土堆时，应考虑是否会有塌方、滑坡出现，必须选择安全地带及早停车，细心观察，查明原因。在确保安全的前提下，开车迅速通过。图3-2所示为塌方地段。若通过经常发生塌方的峡谷，更要加倍注意。一旦发现路面上有滚动的砂石，应停车后退躲避。若砂石已落在车上或车后，应加速通过，如图3-3所示。

（3）确认可以安全通过时，应一次性通过，若在行进中突然遇到坍塌，应视情况后退或加速前进，不可停车。遇到塌方严重、短时无法排除时，应及时掉头迂回或找安全场地停车等待。

（4）暴雨过后，峡谷中一旦出现隆隆的雷鸣声，很可能是山洪暴发或泥石流出现，应迅速将车开到安全位置，视情况迅速离开峡谷或下车到高处躲避。

（5）途中遇到大量积雪的峡谷时，应鸣高音喇叭，让声波振动坡上的积雪。如果没有积雪下滑，可驾车谨慎通过。通过时不可再鸣喇叭，

图 3-2　塌方地段

图 3-3　危险地段加速通过

同时应避免发动机发出空转的吼声，防止产生共振，以致积雪下滑使汽车受阻。

40. 坡道停车如何防溜滑？

汽车在陡坡路段靠边停车，为了防止溜车，可以采取以下措施。

（1）拉紧驻车制动手柄。当拉动驻车制动手柄的时候，手的操纵力经过传动机件到达汽车后轮的制动器，可以让后轮处于制动状态。

（2）上坡停车的时候，将变速器挂入 1 挡，然后让发动机熄火。如果是下坡停车，将变速器挂入倒挡，然后让发动机熄火。

（3）利用路台阻挡车轮汽车在陡坡靠边停车的时候，为了防止溜车，可以转动转向盘让前轮偏转一定的角度，如果汽车出现溜车，前轮与路边凸起的台阶相互抵紧，可以阻挡车轮滚动，避免汽车继续后溜。

（4）如果经常需要在陡坡地段停车，可以随车带上三角木。上坡停车的时候，将三角木填充在后轮的后边，下坡停车的时候，将三角木填充在前轮的前边。

41. 遇到洪水时如何避险？

（1）汽车在水中行驶时容易造成转向失控，严重时汽车会顺流而下。

（2）涉水行驶时，驾驶人应事先了解自己所驾汽车的允许涉水深度，并采取一系列的防水措施。正确选择涉水路线、防止发动机进水、防止电气设备受潮。若汽车涉水过深，则电气系统会因进水而失效，造成发动机熄火。如果汽车的空气滤清器位置较低，水还会由此进入气缸，导致发动机因捣缸而造成严重损坏。

（3）汽车行驶过程中，应尽量躲避对方来车行驶时所涌起的水浪，必要时可停车让对方汽车先行通过，以免对方来车涌起的水浪使自己的汽车发动机进水。

（4）汽车从水中通过后，制动系统的制动力将大大减弱，此时不可快速行驶，可间断地踩制动踏板，以恢复汽车的制动性能。

42. 遇到山洪时如何避险？

在山区行车，尤其是地势险峻的山区，一旦有暴风雨，就可能出现山洪，如图3-4所示（见文后彩插），不同车型的抗洪能力有所不同。一般来讲，小型车质量轻、重心低，与其他汽车相比，抗水淹能力差，在山洪面前有更大的危险性。

（1）不论什么汽车，在山区行驶遇暴风雨时，应立即离开山脚或泄洪地段，禁止停滞观望。在有山洪冲击的地段停车时，禁止将车停在山顶或使车过于暴露在路面上，以防雷击或疾风袭击，也不可将车停在山脊凸出的公路上，以防塌方或滑坡。在傍山路、堤路上不宜靠边行驶或停车，如图3-5所示。应选择避风，路基坚硬，山坡岩石坚固，不会发生泥石流和远离山洪的地方停车。

（2）遇暴雨时，汽车必须驶离山顶、山脚或泄洪地段及有山脊凸出的道路上，以防雷电、飓风、山洪、塌方和滑坡。

（3）不要企图穿越被水淹没的公路，这样做的结果往往会被上涨的水困住。

（4）发现高压线铁塔倾倒、电线低垂或断折；要远离避险，不可触摸或接近，防止跨步电压触电，如图3-6所示。

（5）若汽车已经熄火，则务必弃车而去，待洪水退去再作处理。

43. 山区道路如何掉头？

汽车在狭窄的山区道路行驶，如果需要掉头，可以选择较为平缓的岔道进行掉头。在狭窄的三岔路口掉头的时候，为了确保安全，要将车

图 3-5 在傍山路、堤路上不宜靠边行驶或停车

图 3-6 防止跨步电压触电

头朝向较宽的路面，车尾朝向较窄的路面。将车头朝向较宽的路面掉头，可以防止倒车时车头越出路边，而且还可以减少倒车的次数。

━━━ 特别提醒 ━━━

注意事项

(1) 在山坡上掉头时，应该将车尾朝向比较安全的山坡，车头朝向比较危险的悬崖，这样便于观察汽车在道路上所处的位置，防止因掉头造成汽车坠落。

（2）如果车上有乘员，可让乘员下车指挥倒车。指挥倒车的人员，不要站在车的正前方和正后方，以免发生意外。

二、泥泞道路驾驶

44. 泥泞路如何安全行车？

（1）泥泞路段起步。

1）在泥泞道路起步的动作要平缓一些，离合器半联动的时间要适当长一些，加速踏板不要踩下过多，以免车轮打滑。

2）在泥泞路上禁止快速、大幅度地转动转向盘，否则可能会造成汽车侧滑；在汽车转向过程中发生侧滑时，禁止使用制动，而应松开加速踏板，顺转转向盘，平稳地调整。

3）泥泞路上掌控转向盘时，应明了所驾车的转向轮是否也是驱动轮，一些汽车转向轮在前，驱动轮在后，若转向轮也是驱动轮，则转动转向盘时更应稳缓，否则更易引起侧滑和陷车。

4）如果泥泞路车轮陷入地面，起步时，可以采用快速交替变速前进挡和倒挡的方法，利用起步时汽车的前后闯动，使汽车完成起步。或者通过离合器多次的接合、分离，使汽车前后闯动，借用闯动使汽车驶离原地。也可以试着用2挡起步，2挡要比1挡产生的牵引力小，可以缓解车轮打滑。

――――――― **特别提醒** ―――――――

泥泞路车轮容易陷入地面，如果起步困难，不可猛踩加速踏板，猛踩加速踏板只会加速车轮的空转，那样车轮会越陷越深。

泥泞道路行驶，如果中途停车，重新起步车轮容易打滑，所以，要尽量避免中途停车。

（2）泥泞路线的选择。在泥泞道路驾驶，要注意选择行车路线，尽可能在道路中间行驶，选择泥泞浅、泥水稀、地势高的地点通过。若有车辙，可循车辙行驶，如图3-7所示。

泥泞路面较软、变形较大，行驶阻力增大，同时转向盘难以掌握，控制行驶路线难度大。泥泞或松软路面附着力下降，动轮易发生滑转，制动效能降低，制动时制动力很容易超过附着力，车轮会被迅速"抱死"而使车辆发生侧滑。

在泥泞道路上行车，应尽量选择路况好的地方行车；有车辙的地段，可循车辙行驶

跟着前方"探路车"

图 3-7　泥泞道路可循车辙行驶

特别提醒

在泥泞路上选择行车路线时，禁止不考虑泥泞至硬地面的厚度，在不能正确判断车轮下陷后能否影响底盘通过的情况下驾车贸然通过；禁止在情况不明时重新选择新路线，以防陷车。对于前轮是转向轮，后轮是驱动轮的车，选择路线时要尽量避免后轮（驱动轮）通过凹洼泥泞路段，应尽量使驱动轮在泥泞较少、路基硬实的地段通过。

（3）泥泞路上控制车速的方法。驾驶人应先正确估计前方道路的泥泞程度和行驶阻力，及早换入所需挡位，以保持足够的动力，顺利通过。

1）汽车通过比较湿滑的泥泞路段，要使用低速挡行驶。

2）通过不太滑的泥泞路段，在保持发动机动力的情况下，可以选用中速挡行驶。

3）汽车在泥泞路段行驶，车速要平稳，不要频繁地变换挡位，要尽可能使用发动机制动。泥泞道路车轮滚动阻力大，加挡时，提速的时间要适当延长一些；感到发动机动力不足时，要提前减挡。为了避免因换挡而造成急剧减速或停车，换挡的动作要迅速、准确。

4）泥泞路上禁止停车，以防止起步困难，甚至无法起步。起步时，应稳住加速踏板，慢慢松抬离合器踏板，以免驱动轮打滑空转。如果情况需要，可选择较高挡位起步。

─────── 特别提醒 ───────

泥泞路面在太阳的曝晒下，表面已经干燥，表层之下还是泥浆，经过汽车的碾压，路面呈现波浪状搓板路。年久失修的柏油路，经过雨水的长时间渗透，路基塌陷，路面变形，也会变成坑洼不平的搓板路。

汽车行经搓板路时，车身随地面的波浪起伏颠簸振动。为了减少车身振动，可选用中速挡小加速踏板行进，随着地面的起伏变换加速踏板调节车速。车速的快慢，以车轮不离开地面为宜。

（4）泥泞路上使用制动器的方法。在泥泞路上需减速时，无论平路、下坡、直线或弯道，都应该以发动机的牵阻作用为主，必要时，辅以间歇性驻车制动。在泥泞路上，要尽量避免使用制动踏板。

45. 通过泥泞路时如何避险？

汽车在湿滑路段的行驶跑偏，可能由甩尾、摆头等原因引起。处置以上两种行驶跑偏的方法是截然不同的。如果方法不当，就不能及时地制止汽车继续跑偏，甚至会出现原地掉头、撞车等后果。对于没有湿滑道路驾驶体验的新手来讲，遇到汽车行驶跑偏，可能不知所措，也可能急于修正方向，结果导致汽车失控。

（1）车轮侧滑。如果是后轮出现侧滑，造成车尾靠向路边，不可急踩制动，不可猛打方向，那样只会加剧汽车甩尾。应该放松加速踏板，利用发动机制动降低车速，同时向侧滑甩尾的一侧平缓地转动转向盘，等到车身顺正之后，再逐渐驶向道路中间。如果是前轮出现侧滑，造成车头靠向路边，不可猛打方向修正，不可急踩制动，那样只会加剧汽车摆头在。应该随即停车，然后向后倒车，让车身重新回到道路中间，再接着继续向前行驶。

（2）车轮陷入泥潭。汽车在松软路面行驶时，遇到车轮打滑空转，如果经过两三次进退后仍不能奏效，不要再继续盲目地加大加速踏板强行进退，这样不仅会损坏汽车机件，还有可能会使车轮越陷越深。

1）当发现车轮陷入松软的泥泞地面时，如果车桥还没有触地，可将陷坑铲成斜面，必要时再铺上石块、沙土、木板或干树枝，然后用前进挡或倒挡将车驶出陷坑。

2）如果车轮陷得较深，车桥已经触地，则需用千斤顶或较长的木杠将车轮举离地面，然后在车轮下方填充石块、木板或者比较干燥的沙土，直至车桥能够离开地面时，再试着将车驶出陷坑。

（3）泥泞路段防止车轮打滑的措施。

1）在泥泞道路上行驶，如果是越野汽车，应该使用全轮驱动；有差速器锁止装置的汽车，应该让减速器锁止。在驶出泥泞道路，进入正常路面时，应该解除全轮驱动和差速器的锁止装置，让汽车进入正常行驶状态。否则，将会加速轮胎磨损，增大行驶阻力。

2）为了提高汽车在泥泞路段的通过能力，可以选用人字形花纹的轮胎。人字形花纹轮胎属于越野轮胎，行驶在松软的泥泞路面时，具有较好的排水坑滑性能。但是，人字形花纹轮胎讲究安装方向。按照汽车前进方向，如果作为驱动轮，要让"人"字的头部先接触地面；作为从动轮，要让"人"字的脚先接触地面。

三、 高原地区驾驶

46. 在高原地区如何安全行车？

高原地区除具有严寒的气候特点外，还因海拔高、气压低、空气稀薄（密度小），容易让人出现头昏、耳鸣、呼吸困难、乏力等不适的高原反应。此外，亦会造成汽车动力性差、轮胎气压高、发动机功率低、燃料消耗增加、冷却液易沸腾、发动机过热、油路气阻、制动效能降低等不良现象。

高原地区气候反常，温差大，时有云雾缭绕，风多雨多，有些地方还有终年不化的积雪；在雨季，常有山洪暴发和泥石流等自然灾害出现。

（1）在高原地区行车，由于高原反应，初到高原的人会因缺氧而感到头晕、心悸、耳鸣或呼吸困难，四肢无力，容易疲劳。此时，应适当减少活动量，作短暂休息，待逐渐适应后再行车。遇到不良气候，不可勉强继续前行，应该随即返回宿营地。

（2）出车前应做好例行检查，加强冷却系密封，以减少冷却水的渗漏，并带足燃料和备用冷却液及易损配件和必要的医疗用品。随时注意天气预报，做好恶劣气候驾驶的准备。一切正常，才能出发。

（3）因空气密度小，空气压缩机的进气量减少，储气筒气压下降，制动效能减弱。因此，要随时注意制动器的工作效能，慎用行车制动器，发现异常，应立即停车检查。经常在高原地区行驶的汽车，应适当调低轮胎气压。

（4）通过少数民族聚居地区时，应尊重当地民风习俗，礼让行人，注意公路上的家畜，耐心驾驶，确保行车安全。

（5）高原山路上，有时可能遇见野兽出没。遇此情况，切不可用汽车迫压驱赶，以防发生事故。

特别提醒

注意事项

（1）在翻越山口的时候，道路曲折而且凶险，开车应加倍小心。在经过弯道的时候一定要注意车速和观察对方车道及后方自驾汽车，越线超车的情况并不少见。

（2）遇山洪、泥石流及塌方等情况，应迅速采取措施脱离险地，或倒车、或掉头、或加速冲过。

47. 如何防治高原反应？

当人们初次抵达海拔3000m以上的地区（少数人甚至抵达2000m的海拔高度），常出现缺氧反应，人们把这种高原的缺氧反应称为高原病。

高原病的症状主要包括头痛、头晕、胸闷、气短、心悸、恶心呕吐，口唇紫绀、失眠、多梦、疲乏、呼吸困难、眼花耳鸣、手足麻木、腹胀腹泻，血压可能升高等。这些症状第一、第二天明显，以后就会逐渐减轻或消失。但极少数人因劳累、受寒和上呼吸道感染等原因，症状逐渐加重，发展成为高原肺水肿或高原脑水肿。检查时有口唇轻度发绀及面部浮肿等。高血压、心脏病患者，或者在感冒期间，更容易出现高原反应。

（1）如果出现轻度的高原病症状，但还能正常活动，要多饮水，注意保暖，不要做高强度的体力活动。

（2）如果出现中度的高原病症状，活动能力下降，高原反应明显，应该停止向高原地区前进，并且要卧床休息。

（3）如果出现重度的高原病症状，意识模糊、反应迟钝、记忆力衰退、四肢抽搐等，应该尽快到医院就诊。

特别提醒

注意事项

（1）避免或减轻高原反应的最好方法是保持良好的心态，许多的反应都是心理作用引起的，比如对高原有恐惧心理，缺乏思想准备的人，出现高原反应的几率就多。

（2）不适宜进入高原旅行的人。心、肺、脑、肝、肾有明显的病变，以及严重贫血或高血压的患者，切勿盲目进入高原。

（3）进入高原后尽量减少洗头和洗澡的频率，即使有条件洗澡时，也切记打开浴室门，保持良好的通风状态。因为高原地区温差变化极大，往往还未有感觉时便已感冒。淋浴时大量高热的水蒸气也会加重高原反应。

（4）需准备药物。可以事先准备一些维生素C、创可贴、止痛药等，但如不适感较为严重，应及时就医。

---

48. 在沙漠戈壁地区如何安全行车？

（1）正确控制转向盘。沙漠戈壁路段行车，尽可能保持直线、中速或低速行驶，紧握转向盘，不可急转弯。在需要转弯的时候，车辆转弯的半径要大，而且要慢转转向盘，防止前轮转弯半径过大致使前轮行驶受阻而打滑。有时两前轮所受阻力不同，因而车轮会突然忽左忽右或侧滑偏移。因此，驾驶人要注意选择道路和握稳转向盘，预防前轮偏转，防止转向盘脱手后伤及手臂，甚至造成翻车事故。

（2）避免中途停车。车辆行驶中要选好合适的挡位，一次驶过不要停车，尽量不换挡或少换挡。必须换挡时，动作要敏捷，要保证车辆有足够的行驶惯性。必要时，可越级减挡，防止换挡动作迟缓而造成停车，通过短距离沙层时可用高速挡或中速挡冲过。

（3）循车辙行驶。当沙层不超过所驾车辆轮胎断面高度或超过这个高度而距离较短时，应循车辙行驶，不要绕行或超车。如果遇到的行驶路线位于沙层较深的大面积沙漠地段，行车就不同于浅沙层，这种地段在长期的风雨尘土作用下，表面形成一定厚度的"硬皮"，下边是沙层直接衬托，一般一次通过是不会陷车的。

（4）避免陷车。在行驶中要确保车辆匀速行进，稳踩加速踏板，不要忽快忽慢，防止驱动轮突然变换转换而造成陷车。如发现驱动轮空转，应立即停车排除车轮周围积沙，然后将车后倒一段，再前进。不可原地继续驱动，防止越陷越深。如果车已陷住，首先应排除车轮周围积沙，等待救援。

（5）车辆的停放。如果需要在沙漠地段停车时，要选择坚硬的地表或下坡处车头向下停放，预防车轮下陷和起步困难等情况的发生。

（6）沙漠行车高温。

1）在进入沙漠前，确定自己的车内水循环是否正常，卸掉节温器，换上高黏度的夏季机油。

2）进入沙漠后在能跑起来的路段，尽量用高挡位快速度行进，有利于降温。

3）在水温接近上限时，找一块较硬的地方停车，将车头迎风摆放，打开发动机盖，利用自然风降温。如果没有硬地，那么就找一个沙包冲上去，在将要下坡时停车，这样有利于汽车的起步。

4）保证风扇离合器是好的，否则在高温情况下不能很好地降温。

────── **特别提醒** ──────

在车辆起步时，也可用比正常起步挡高一挡起步，防止车轮突然旋转而陷车。

49. 通过沙漠时如何避险？

沙漠求生六原则：①喝足水、带足水、学会找水的各种方法；②要"夜行晓宿"，千万不可在烈日下行动；③动身前一定要通告自己的前进路线、动身与抵达的日期；④前进过程中留下记号，以便救援人员寻找；⑤学会寻找食物的方法；⑥学会发出的求救信号的各种方法。

（1）水。在沙漠里求生的机会有多大，最重要的一条就是能否补充水和保护自己避免阳光曝晒、汗水大量流失。能寻找到水方法如下。

1）可以在干枯的河床外弯最低点、沙丘的最低点处挖掘，可能寻找到地下水；

2）沙漠植物的根部含有一些水分，可以挖出榨取汁液饮用；

3）由于沙漠地区的昼夜温度差别很大，可以采用冷凝法获得淡水。其方法是在地上挖一个直径90cm左右、深约45cm的坑，坑内放置一个容器，坑上覆盖上塑料布。当坑里的空气和土壤迅速升温，会产生水汽。当水蒸气达到饱和时，会在塑料布内面凝结成水滴，滴入下面的容器，这种方法便可得到宝贵的水了。在昼夜温差较大的沙漠地区，一昼夜至少可以得到500mL以上的水。用这种方法还可以蒸馏过滤无法直接饮用的脏水。

4）根据沙漠中的动植物来寻找水源。大部分的动物都要定时饮水。食草动物不会远离水源，它们通常在清晨和黄昏到固定的地方饮水，一般只要找到它们经常路过踏出的小径，向地势较低的地方寻找，就可以发现水源。食肉动物可以从其猎物体中得到水分，所以它们可以较长时间内不饮水，因此在食肉动物活动的区域不一定能找到水。

（2）衣服。在沙漠中遇险，千万不可脱去衣服。衣服不仅可以防止皮肤被强烈的阳光灼伤，还可有效地保持身体的水分不流失。最好穿着宽松的衣服，让身体和皮肤之间保持一层隔热的空气。注意最后将头和脚遮盖起来。

（3）遮盖物。如果是白天在沙漠中遇险，首先要采取的措施是找一个阳光不能直接照射到的地方躺下来休息。可以利用岩石的突出部分和干沟的岩壁所提供的阴影迅速躺下休息，等到天黑以后再想办法。

（4）火。在沙漠中，火既是醒目的信号，又可用来烧煮食物或在夜间用来取暖。在沙漠或干旱地区，灌木和杂草都是很干燥易燃的，可以用作燃料，骆驼等动物的粪便也可用做燃料。如果找不到天然燃料，可以用容器装入沙土，掺入一些汽油和机油，点燃后也可燃烧很长时间。

（5）食物。在沙漠里，炎热的天气肯定会影响食欲，不要勉强吃东西。高蛋白食物会增加身体的热量，加速体内水分的流失。消化任何食物都要消耗体内的水分，如果缺水，最好不吃食物或只吃含有水分的食物，如水果、蔬菜等。

四、沙地驾驶

50. 在沙地如何安全行车？

沙河、海滩路面结构疏松，在车轮的重力碾压下，沙土容易被掀起，造成车轮打滑，或者车轮下陷。由于沙粒的比热容小，因此，沙滩地带昼夜的温差大。沙滩地势平缓，地貌对风的遮挡少，因此，沙滩地带的风力大，风沙天气多。在沙滩上还会有一些由大小不等、形状各异的砾石、鹅卵石构成的地带。

（1）在进入沙地行驶之前，应该做一些相应的准备。带上千斤顶、木板、牵引绳、较厚的大片硬纸板或草垫等，以便在车轮陷入沙滩时派上用场。带上充足的食品、饮用水、御寒衣，出现行程不定的情况时，便于确保人体的给养和御寒。

（2）沙地起步时，离合器踏板要放松得慢一些，平稳地起步可以防止车轮打滑和下陷。必要时可以直接用2挡起步，这样有利于防止驱动轮打滑空转。

（3）汽车在沙地中行驶，由于沙地对车轮的滚动阻力比较大，因此，应该根据实际情况，选用低速挡或中速挡行驶，加速踏板要适当多踩下一些，以便保持发动机足够的动力。沙地表层疏松，汽车的制动和转向都会将沙地的表层掀开。所以，尽量不要踩制动，要利用发动机制动减速。要尽可能保持直线行驶，不可大幅度转动转向盘。

（4）车速要保持平稳，尽量不换挡或少换挡。必须换挡时，操作要迅速。换挡动作迟缓，有可能造成中途停车，中途停车再次起步，有可能面临车轮打滑下陷的危险。所以，沙地行驶要尽可能避免或减少中途停车的次数。

（5）中途停车，通过松软的沙地时千万不要停车，可以选择有硬层或者有草皮覆盖的地点停车。如果不具备这些条件，只能在沙地停车，停车时，最好在驱动轮下方铺垫木板或者较厚的硬纸板、草垫等物品，以免再次起步时车轮打滑下陷。

（6）汽车应尽量避免通过砾石路，若一定要通过，则应先停车查看行驶路线，看本车最小离地间隙是否能通过砾石道路，若能通过则应选择砾石较少或砾石较小的路线，并排除路线上妨碍行驶或能损伤轮胎的砾石。通过时，要用中速或低速，稳住加速踏板，保持匀速行驶。两手要紧握转向盘，防止前轮在砾石的作用下偏转，带动转向盘转动而击伤手臂。行驶中，由于两前轮在砾石上所受阻力不同，因而会产生忽左忽右或侧滑偏移的现象。对此既要紧握转向盘，又不可将转向盘握得太死，应让转向盘在一定的范围内能来回移动，以此减少偏移和抖动。通过砾石路后，要下车检查轮胎情况，若轮胎中嵌入砾石，则应及时清除。

———————————— 特别提醒 ————————————

（1）汽车在砾石、鹅卵石地带行驶，左右车轮受到地面的冲击力频繁变化，有可能造成转向盘突然转动，打伤手指或手腕；由于地面不平坦，汽车会侧滑摇摆。因此，驾驶人要双手紧握转向盘，并且保持沉稳的坐姿，以免因身体摇摆失去对汽车的操控。

（2）汽车转弯时，必须把车速降低到车体不倾斜的程度才能安全转弯。为了判断弯曲度的大小，可以用自己身体倾斜度大小来衡量。只要自己的身体坐得稳，就表示车体重心同样比较稳，能够放心大胆地转弯；反之，则要加倍小心，进一步降低车速，慢慢转变。

（3）后随双胎并装的大车时，两个车胎之间夹持的石块有可能抛向后方，为了防止被这种抛起的飞石击中，不要尾随在这样的大车后边行驶，或者与双胎并装的大车拉开更大的间距。

51. 汽车陷在浅水沙滩中如何自救？

当汽车陷在浅水沙滩中时，应及时在车周围打一个小堤坝，将坝内水抽净，然后清除轮胎周围的泥沙。如果泥沙松散，则应在离轮胎稍远的地方消除泥沙，使轮胎四周的泥沙流入稍远的地方。如果车轮在浅水水滩中继续下陷，则应用木板、备用轮胎横垫在前、后桥上，以增大车体接触地面的面积，防止车体继续下陷。

五、狭窄道路驾驶

52. 狭窄道路如何安全行车？

为了避免发生剐蹭事故，通过狭窄道路时，要注意以下事项。

（1）通过前，要鸣喇叭示意，提醒对方汽车不要再进入只能单车通过的狭窄道路。

（2）对面来车已经进入狭窄路时，应靠狭窄路口处停车，待来车通过后再鸣喇叭驶入路口，禁止强行驶入路口。

（3）通过危险狭窄道路时应事先下车观察情况，对路况做到心中有数，必要时应有人指挥通过，无把握时，禁止冒险通过。

（4）正确判断窄路的弯道和路幅，准确迅速地运用转向盘，使轮胎按自己预想的轨迹行进。

（5）对面有来车时，应及早选择路幅较宽的地段准备会车。当发现前方没有可供会车的地段时，要立即停车采取措施，切不可有"车到山前必有路"的想法和做法，否则，会给狭窄道路行车带来麻烦和失误。

（6）狭窄道路旁有危险障碍物时，汽车要稍靠另一侧行驶。必要时，排除危险障碍后再通过。

（7）狭窄道路另一侧是危险的山涧或深沟时，禁止脱离前车辙行进通过；在危险一边路基不明情况下，禁止贸然通过。

53. 通过窄路如何避险？

狭窄道路上容易发生剐蹭事故，其原因主要是驾驶人没有正确掌握汽车的侧向间距。在狭窄路上，汽车侧向空间很小，汽车运行时，只有与左右两侧的障碍保持一种最小的侧向安全间距，才能保证不发生剐蹭事故。

车速不同，侧向最小安全间距和车轮至路边（障碍）的最短距离也不同。车速越快，车的稳定性越差，摆动幅度也越大，因此对最小安全间距要求也越大，汽车至路边（障碍）的最短距离也应增大。狭窄路段会车困难，要注意会车的让行规则。

（1）在狭窄的路段会车，有让路条件的一方应该靠右让行；有障碍的一方让无障碍的一方先行。如果有障碍的一方已经驶入障碍路段，无障碍的一方未驶入障碍路段，无障碍的一方让有障碍的一方先行。在狭窄的山路会车，靠向山体的一方让不靠山体的一方先行。

（2）在狭窄的坡路行驶，下坡车让上坡车先行。如果下坡车已经行至中途，而上坡车还没有开始上坡，上坡车让下坡车先行。

（3）汽车在狭窄的路段掉头。

1）在狭窄的 T 形路口掉头时，要将车头朝向较宽的路面，车尾朝向较窄的路面。由于倒车转弯时车头的横扫宽度较大，将车头朝向较宽的路面转弯倒车，可以防止倒车时车头越出路边。

2）如果没有可供汽车掉头的交叉路口，可选择较为宽阔、比较平坦的弯道掉头。

第四章　恶劣气候及特殊环境 驾驶的应急避险技巧

一、 雨天、 冻雨天驾驶

54. 雨天如何安全行车？

如图 4-1 所示，雨天行车能见度低，视线不良，且路面湿滑、泥泞，汽车的制动及转向性能下降。尤其是暴雨来临时，一些行人和驾驶人恐慌，忙于避雨或赶路，容易发生汽车追尾和人、车相撞的交通事故。

图 4-1　雨天行车能见度低，视线不良

（1）路面的选择。汽车行驶中应该避开积水路面。在凹凸不平的道路上，雨后凹坑内会大量积水，车辆在行驶中应尽量避开，选择高处行驶，如图 4-2 所示。无法避开时，应探明情况，确认积水深度，做好各方面的准备，方可低速缓慢通过，且争取一次性通过。

图 4-2　选择高处行驶

如果有其他车辆先行通过，应观察并待其通过后再小心驶过，切不可跟进。对大水漫过路面处，应充分了解路面是否被水冲坏，不可盲目涉水。

（2）严格控制车速。雨中行车，打回方向时不可过急，要慢转慢回；

车速应视降雨情况适当控制。中雨时，车速应控制在 40km/h。大雨时，以 20km/h 的车速行驶即可。若遇雷暴雨，即使刮水器高速也不能刮净雨水时，应该找个位置停车，等雷暴雨过后再走。如果坚持行车，在视线严重受阻的情况下，容易引发事故。

要警惕刚被雨水湿润的路面是比较滑的，被雨水冲刷以后的路面反而会好一些，但还是不如干燥的路面。在被雨水覆盖的路面上行驶，要警惕车轮打滑和汽车跑偏。

特别提醒

(1) 雨天停车。雨天停车不能停在大树或广告牌下面，暴雨后它们可能倒下来而砸到车。更不要停在低洼位置，也许一场暴雨过后，水就淹没了车顶。若是暂时停车，请不要关闭发动机。虽然有发动机盖防雨，但地面溅起的水花，很可能进入发动机舱淋湿点火系统，导致发动机无法启动。

(2) 雨天灯光使用。雨天行车可以开启空调或暖风的鼓风机，吹散挡风玻璃内表面的水雾。开启刮水器，刮除挡风玻璃外表面的雨水。雨天光线阴暗，可以开启汽车的前示位灯和后示位灯，以便提示过往的汽车、行人注意避让。必要时，还可以开启危险报警闪光灯，以增强提示效果。在阴暗的雨天行车，如果能见度较低，还可以开启汽车的近光灯，以便观察车外情况。雨天在路边临时停车时，要开启危险报警闪光灯。

特别提醒

雨中行车时禁止不使用刮水器或刮水器损坏仍坚持行车；在雨水形成积水的地带，禁止高速冲过，防止车轮高速进到水中形成漂浮力，出现打漂而滑行，使汽车失去控制。

55. 突遇暴雨时如何避险？

(1) 注意观察积水的深度。雨季特别是暴雨天气，低洼路段、立交桥下、隧道等处往往会存有积水。遇到面积大、水位深的积水，不可贸然通过。

(2) 尽可能不靠近人行道行驶。如果汽车行驶在市区交通繁华的地段时突遇暴雨，由于该地段的车流、人流较密集，加之暴雨扑打在前挡风玻璃上太密集，就会使驾驶人前方的视线非常模糊。这时，应特别注意路边的行人，尽量不要靠近人行道行驶；非要从靠近人行道的道路上行驶时，则应减速慢行。

（3）正确使用灯光。暴雨天的环境光线有时会变得很暗，如果在这种环境的暴雨天行车，受道路两旁的霓虹灯以及其他灯光的照射，均会对驾驶人的视线造成影响。当汽车经过弯道、窄路、坡道时，均应降低行车的速度。暴雨天气正确使用灯光如图 4-3 所示。

图 4-3　暴雨天气正确使用灯光

不要采用强光照射对方。如果遇到对面汽车的灯光刺眼，无法辨别路面时，则应尽量减速或靠边停车避让，绝不能采用同样的方法采用强光照射对方。

（4）涉水切勿松加速踏板。汽车涉水时加速踏板不要松。如果水进入进气口，导致发动机熄火了，应该在原地等待救援，千万不要再试着启动。如果涉水深度超过发动机舱盖，建议不要再行驶，立即熄火停车，否则容易发生"气门顶"。过水后，可以踩几脚制动，用制动产生的热量把附着在制动器上的水蒸发出来。

（5）跟随前车保安全。雨中视线不好，路上到处是浅浅的积水，分道线难以看清。最好不要轻易涉水，如果必须涉水，可以先等大型车过去，看看深度。如果涉水深度接近前大灯，行车时应该多警惕。稳住方向盘，低挡行驶，不要换挡和停车，缓慢均匀前进。在保持安全距离的前提下，跟随前车行驶。

（6）降低车速。在突遇较强的暴雨时，打开的刮水器往往不能及时刮净前挡风玻璃上的雨水。一定要降低车速，并及时打开近光灯与防雾灯。如果汽车行驶在内环路或高架路上突遇较强的暴雨时，还应及时调整增加与前方汽车之间的距离，以防出现追尾事故。

（7）防止汽车打滑。突遇较强的暴雨时，往往会使路面湿滑，此时如果车速过快或蛮横超车，稍动方向盘就很容易导致车轮打滑而发生事故。

56. 通过有积水的涵洞时，如何安全行车？

（1）注意积水谨慎通行，如图4-4所示。涵洞地势低洼，在下暴雨时，涵洞内如果有积水，一定要查明水的深度。有些涵洞的入口处设置有水位标尺刻度，可以根据标尺指示的水位判断汽车能否通过。城市常见车型的最大涉水深度：越野吉普车不能超过60cm，小轿车不能超过40cm。很多经济型轿车的轮胎比较小，可以通过轮胎高度判断汽车的最大涉水深度，最基本的经验就是轮胎的高度下沿10cm就是汽车涉水的最大深度。

如果水深超过车轮或汽车的最大涉水深度时，汽车很可能在水中熄火。最好不要冒险通过。如果发现有多辆汽车熄火在积水路段，最好立即掉头绕行。

图4-4　注意积水谨慎通行

（2）不要尾随前车过近。汽车涉水的时候，不要尾随前车过近，与对面来车的横向间距也应该适当拉大，以免水波激荡，造成高压线漏电而导致发动机熄火。

———————————— **特别提醒** ————————————

有人认为涉水时可尾随前车通过，只要前车能够通过有积水的涵洞，后车也一定能够通过。其实这种做法是不妥的，尾随前车涉水，前车熄火，后车将进退两难，如果此时变换加速踏板或变换挡位，发动机很容易熄火。

可能在汽车刚刚驶入涵洞时，涵洞内的积水并不是太深，汽车越往前走水位越深，或者因为发动机熄火，汽车被滞留在涵洞内，眼看着涵洞内的积水还在继续上涨。

———————————————————————————————

（3）目光不要总是盯着水面。汽车在通过积水路段的时候，有本车荡起的水面波纹，还有迎面汽车荡起的水面波纹。如果驾驶人的目光总是盯着水面，对汽车的实际动态判断有可能出现失误，还有可能引起驾驶人的眩晕，从而导致对汽车的不当操作。因此，汽车在涉水的时候，驾驶人的目光不要总是盯着水面，应该把目光放得远一些，或者以固定物体为参照物。

（4）防止发动机熄火。为了防止汽车在通过积水路段的时候熄火，应该让发动机的转速维持在 2000～2500r/min，并且车速一定要低。

（5）必要时弃车逃生。涉水时如果水位已经与车门玻璃下缘平齐，车内人员要尽快弃车逃生。可以推开车门逃出车外，如果有天窗，而且天窗足够大，可以从汽车的天窗逃到车顶，然后逃离有积水的涵洞，或者在车顶上等待救援人员的到来。如果错过了逃生时机，整个车都可能被水淹没。

（6）涉水之后检验制动效能。汽车在涉水过程制动器有可能浸入泥水，从积水中驶出之后，要使用低速挡行驶一段路程，在踩下加速踏板的同时间断地踩下制动踏板，以便挤出制动器中的泥水，确认制动效能恢复之后，才能以正常车速行驶。

57. 冻雨天气应如何安全行车？

冻雨是由过冷水滴组成，与温度低于 0℃ 的物体碰撞立即冻结的降水，是初冬或冬末春初时节见到的一种灾害性天气。

雨水落在地面的瞬间就被冻成了冰，虽然表面看起来不明显，但地面确实非常滑。

（1）在结冰的路面行车时需要注意车速的控制，相对较慢的车速不仅让汽车更易操控，并且在前方发生紧急情况时，保证了足够的时间来做出应急处理措施。

（2）在结冰路面需要减速时，应该利用发动机本身的制动力将汽车减速。比如现在汽车以 4 挡行驶，如需减速，迅速挂入 2 挡，此时发动机的转速迅速升高。车轮带动发动机转动，而发动机本身的制动力会将车轮转速降低，达到使汽车减速的目的。

58. 雷雨天气应如何安全行车？

雷电一般产生于对流发展旺盛的积雨云中，因此常伴有强烈的阵风和暴雨，有时还伴有冰雹和龙卷风。驾车在野外遭遇打雷下雨的天气时，根据汽车状态的不同处理方法也不一样，一般有以下两种情况。

（1）汽车完好时的处理。行车防雷电如图 4-5 所示。在雷雨天气中行车，车窗玻璃要关闭严密，要把收音机的天线收回。因为，收音机的天线能起到避雷针的作用，会把雷电引向汽车。如果暴雨实在太猛无法行驶，要把车停在地势较低安全的地方，一定要远离大树、电线杆、高大建筑物和河边，且不要贸然下车避雨。

雷电情况下，首先要把车门窗关好，如果车门窗有缝隙或小孔，一旦遇到球形雷，雷击所形成的火球将通过缝隙或小孔进入车内，导致车起火燃烧

图 4-5　行车防雷电

特别提醒

　　野外遇雷雨天气时，在车内避雨要注意停车地点的选择，不要把车停在孤立的高地，不要在大树、高压线下方避雨，不要在变压器附近停车避雨，不要在有积水的地方避雨。在大树下躲避雷雨非常危险。如万不得已，则须与树干保持3m距离，下蹲并双腿靠拢。

　　如果在户外看到高压线遭雷击断裂，此时应提高警惕。因为高压线断点附近存在跨步电压，身处附近的人此时千万不要跑动，而应双脚并拢，跳离现场。

　　（2）汽车抛锚的处理。驾车在野外遭遇打雷时，汽车处于抛锚状态，此时无须马上打手机求援，也不要贸然下车避雨，因为倘若闪电击中汽车，电流就会经车身表面传到地面，从而击中车边的人。相比之下，汽车内要安全得多，因汽车相当于一个屏蔽体。

　　59. 雷雨天气在室外"十不要"是哪些?

　　（1）不要奔跑，因奔跑加快空气流动，让周边空气变稀薄，雷电会"跟踪"自己。

　　（2）不要用金属柄雨伞，要摘下金属架眼镜、手表，女士应取下头上的金属发夹。

（3）不要骑自行车、摩托车或开拖拉机，不要把金属物体搭在肩上，以免产生导电而被雷电击中。

（4）不要靠近高压变电室、高压电线和孤立的高楼、烟囱、电杆、大树、旗杆，不要随手触摸路旁的广告箱和灯柱。

（5）不要站在空旷的高地上或在大树下、电杆下、塔吊下躲雨，不要在山顶或者高丘地带停留。不要去江、河、湖边游泳、划船、垂钓。

（6）不要行走或站立在空旷的田野里，应尽快躲在低洼处，但不要到大面积的水域，尽可能找房屋或干燥的洞穴躲避，要蹲下来，两脚并拢。

（7）不要穿潮湿的衣服靠近或站在金属商品的露天货垛上，要留在安全的地方。

（8）不要在门窗、围板、棚架、临时搭建物等易被风吹动的搭建物下避雨。

（9）不要开手机，更不要打手机，手机的电波会加大雷电跟踪的几率。

（10）不要触摸和接近避雷装置的接地导线；不要使用金属工具。必要时停止露天集体活动，疏散人员，高空、水上等作业人员停止作业，危险地带和危房居民撤离，船舶应到避风场所。

60. 遭雷击后如何急救？

遭雷击后会出现皮肤被烧焦，肌肉痉挛，鼓膜或内脏被震裂，心室颤动，心跳停止，呼吸肌麻痹等症状，此时要抓紧进行急救，并通知急救中心。

急救时要让伤者就地平卧，松解衣扣、乳罩、腰带等；立即进行人工呼吸和胸外心脏按压，坚持到病人苏醒为止；伤者苏醒后迅速送往医院救治。

如果被雷电击伤，轻者可在现场按一般灼伤消毒包扎。如果被雷电击伤者呼吸、心跳都已停止，应立即在现场做人工呼吸和胸外心脏按压进行抢救。同时，拨打110或120报警。

如果伤者衣服着火，应让伤者躺下，以免烧灼面部，并马上采取泼水或用被、毯、衣物等包裹的灭火措施。

61. 公交车被困水中时该如何逃生？

（1）马上设法打开车门，不要拥挤，避免划伤、践踏事故发生。

（2）下水后若水流湍急，人们可互相拉手成为人墙，并逐渐向岸边移动。这样不易被水冲倒。

（3）当打不开车门时，立即用车上的工具，如撬杠、锤子、钳子等敲碎玻璃，从车窗逃生。也可打碎玻璃，向车顶爬，等待救援，如果会游泳的，就尽量往附近的建筑物和树游去。

62. 遭遇滑坡与泥石流时如何避险？

滑坡与泥石流大多发生在山地地区，暴发的主要原因是连续降雨、暴雨和特大暴雨等集中降雨而诱发的，发生的时间与集中降雨时间相一致，季节性明显。滑坡与泥石流爆发突然，来势猛，时间短，具有强大的破坏力，而且爆发频繁，很容易形成严重威胁，如图4-6所示（见文后彩插）。

（1）要正确判断泥石流的发生，除根据当地降雨情况来估测泥石流暴发的可能性外，还可通过一些特有现象来判断泥石流的发生，以便采取及时的自救方法。当驱车从发生滑坡地区经过时，最好掉头找一条较为安全的路线行驶。

（2）发现泥石流即将爆发后的迹象后，泥石流的面积一般不会很宽。弃车逃生时，要向泥石流卷来的两侧跑，即横向跑，跑得越快越高越好。如泥石流是由北向南，或由南向北的，就要向东或向西方向跑。切忌朝着泥石流的下游走。不要停留在坡度大，土层厚的凹处；不要上树躲避；要避开河（沟）道弯曲的凹岸或地方狭小高度又低的凸岸；不要躲在陡峻山体下，防止坡面泥石流或崩塌的发生。在逃生途中，要用衣服护住头部，以免被石块击伤。如果不幸被泥石流埋住，应该尽量使头部露出。为保持呼吸顺畅，应当迅速清除口鼻中的淤泥。

（3）若不幸受伤，临时又找不到脱离险境的好办法，就尽量保存体力，不要乱动，以免使骨头错位，影响下一步治疗。最好是用石块敲击能发出声响的物体，向外发出呼救信号，不要哭喊、急躁和盲目行动，这样会大量消耗精力和体力，尽可能控制自己的情绪或闭上休息，等待救援人员到来。如果碰到因遭受泥石流、塌方、滑坡导致受伤的人，要迅速实施救助。救出压埋在泥浆或倒塌建筑物中的伤员后，应立即清除口、鼻、咽喉内的泥土及痰、血等，排出体内的污水。对昏迷的伤员，应将其平躺，头后仰，将舌头牵出，尽量保持呼吸道的畅通，如有外伤应采取止血、包扎、固定等方法处理。

二、 雾天驾驶

63. 雾天、雾霾天气如何安全行车？

雾天、雾霾天车外能见度低，车窗冷凝水汽，从驾驶室向外观看的视线差。冬季有雾时，地面还会潮湿或结霜，影响汽车的制动性能。如果是雾霾天气，往往分布面积大，持续时间长。

（1）行前做好检查。务必检查汽车的安全技术状况，特别是制动、灯光、刮水器等。车窗玻璃一定要擦干净，雾天湿度大，水汽很容易凝结在挡风玻璃表面，这样会使视线更加模糊。

（2）注意行车路线。雾天由于视线不良，许多驾驶人会产生行驶路线的误差。一些驾驶人为了防止会车时与对面来车相撞而靠向道路右侧行驶；也有些驾驶人为了防止与同向的自行车相撞而靠向道路左侧行驶。这些做法都会增加雾天行车的危险性，应该注意克服。

（3）适当控制车速，尽量低速行驶。雾天汽车的行驶速度，要根据能见度来确定。同时，要勤鸣喇叭，预先警告行人和汽车。如果行车中听到鸣笛声，也应鸣笛回应，以便彼此做到心中有数。能见度在 100～200m 时，时速控制在 60km 以内；能见度在 50～100m 时，时速控制在 40km 以内。如果连 10m 之外都不能看到，最好把车开到路边安全地带或停车场，待大雾散去或能见度改善时再继续前行。

特别提醒

机动车进入高速公路行驶，若能见度低于 50m 时，为保安全，交管部门将采取局部或全部封闭高速公路措施，驾车人应从最近的出口驶离高速公路。

（4）根据可视距离的变化，保留充分的安全车距。行驶中若发现后车跟得太近，可以适当轻点几下制动，警示或提醒后车注意保持适当车距。另外，在浓雾中行车需特别注意的是，千万不能以前车尾灯作为判断安全距离的依据，因为照明不足，很难判断前方汽车是行驶还是静止不动，极有可能一头撞上正处于停止状态的汽车。

（5）雾天行车，尽量平稳和顺，不要猛踩制动踏板。雾天行车，尽量平稳和顺，避免猛打转向盘或紧急制动，如图 4-7 所示。开车过猛容易导致侧滑或甩尾等事故，如果紧急踩制动的话会让后车无法判断距离，从而导致追尾的情况。如果需要紧急制动，可以连续几次轻踩制动，达到控制车速的目的，并可以有效地提醒后车注意。

（6）切忌盲目超车。如果发现前方汽车停靠在右边，不可随便绕行，盲目超车。应首先确认该车是否在礼让行人或对面来车。超越前，还需观察停放的汽车有无起步的意图。然后适当鸣笛，从左侧低速绕过。在

图 4-7　雾天行车谨慎驾驶

弯道和坡路行驶时，应提前减速，避免中途变速、停车或熄火。

（7）雾中会车，尽量选择宽阔的路段和地点。交会时，最好关闭前雾灯，避免对方出现炫目感。若发现可疑情况，应立即停车让行。

（8）勤用喇叭警示。雾天行车可以多使用喇叭，提醒其他汽车和行人自己的位置，听到对方汽车鸣喇叭，也可以用鸣喇叭回应，并且减速慢行。雾天临时停车要开启危险报警闪光灯、示宽灯和后位灯。

（9）适时靠边停车。当雾大能见度非常低时，可将汽车紧靠路边停下。汽车停放时，应打开雾灯和双闪灯，并在车尾 30m 以外放置三角警示牌。等能见度改善后，再继续行驶。停车时，车上人员不要停留在汽车内，要从右侧车门下车，站在道路外安全区域内。

（10）合理使用车灯。雾天开灯驾驶，不是为了看见别人，而是为了让别人看见你。应开启近光灯、雾灯，雾大或走高速公路时应开启应急灯。夜间行车不能开远光灯，因为远光灯的照射面积大，容易在雾里造成散射，反而看不清前方。

（11）应打开车内循环系统。雾霾天，汽车内的防霾不应忽视。雾霾天开车上路，光紧闭车窗还不够，还要有一些防霾措施，应开启车内循环系统。这样能最大限度减少雾霾的侵入。

———————————— **特别提醒** ————————————

遇突发事件一定要打开双闪并设立警告标识

（1）雾天发生交通事故时，最重要的不是先报警，而是在车后方放置警告标识。因为视线不好，还要把警告标识放置得更远一些（大于

100m)，保证后方汽车可以更早地进行规避。在设立好警告标识之后，还要把汽车的各种灯光都打开，特别是双闪灯打开，给后方汽车予以提示。

(2) 在做完警示提示后，车上人员应该立即撤到安全的地方，同时报警，千万不要留在车内或在车道上行走，避免二次事故的发生。

---

64. 在行驶途中前挡风玻璃起雾时该如何应对？

在冬季或雨天行车遇到前挡风玻璃起雾时，可以采用空调系统的冷风或热风来进行除雾。

(1) 冷风除雾的方法。打开汽车内的风扇和制冷开关，当冷气吹到玻璃上以后，就会使玻璃上的雾层很快一散而尽，效果很快也很直接。这主要是因为冷气吹到玻璃上以后，就会在玻璃表面形成一道"寒气膜"，从而阻止了二氧化碳在玻璃上的凝聚，起到了快速除雾的目的。

(2) 热风除雾的方法。打开空调器进行热风除雾不会增加额外的能耗，但是，若在汽车行驶过程中玻璃已经起雾的情况下打开热风，玻璃上的雾反而会变得越来越严重，尤其在雨天空气中水分较大的情况下，这种情况更加明显，会将前挡风玻璃很快变成毛玻璃，这是十分危险的。热风除雾时，应先将汽车停到路边，然后再打开空调器的热风，将温度调整到25℃左右或更高，一段时间后，直到使玻璃内侧的雾气全部吹干以后，再将温度调低一些就可以了，这样行驶过程中也就不会再次起雾了，因为车内干燥了。

后挡风玻璃有加热功能的汽车，只要打开后挡风玻璃加热功能开关，一般在1min左右，后挡风玻璃上的雾气就会很快被除去。

(3) 车窗留缝使空气对流。如果雾气不大的话，可以将两侧的车窗打开一条缝隙（下雨时不能这样做），这样车内的空气进行对流，车内的温度慢慢接近车外温度，雾气就会散去。

三、 狂风及扬尘天气的驾驶

65. 风沙天如何安全行车？

在风沙天行车，由于风力的作用，汽车行驶稳定性下降，同时飞扬的尘土也会遮挡视线，影响驾驶人的正常观察和判断。如果风力过大，还容易使汽车侧滑或侧翻。行驶在风沙天气里，还需随时注意规避行车途中的意外物体。

(1) 关闭门窗，严防风沙。沙尘天气行驶，要保持驾驶室的封闭，应尽量关严车窗，以防灰尘和沙土飞进车厢内，影响驾驶人的呼吸、观察，以及乘客的身体健康。还要把驾驶室里的循环空气手柄放置于内循环的挡位，这样才能防止沙尘侵入到驾驶室内。

（2）物品要捆扎牢固。如果驾驶的是货车，对车上装载的物品要捆扎牢固，防止被大风吹走或散落，更要防止车上物品掉下砸伤行人；在大风天，为避免出现高空坠物砸车的现象，停车不要溜边，最好远离楼房、电线杆、枯树，实在没有地方停车也要尽量远离阳台和窗户。当风沙特别大时，应将汽车停靠在道路上风处，车头背向风沙，并半闭百叶窗，防止细微沙粒被发动机吸入气缸，而加速机件磨损。

（3）放慢车速，小心驾驶。行车时应适当放慢车速，正确辨认风向，握稳转向盘，防止行驶路线因风力而偏移。在城区和郊区的普通道路上，尽量靠近路中央行驶，尤其是一些小型车，应尽量减少并线，防止被大风吹出道路。此外，注意汽车的横向稳定性，尽量减少超车，鸣喇叭时应适当延长时间。

（4）注意风向，留意变化。当沙尘暴风力较大时，注意风向、风力给行车带来的影响。当风向和汽车同向时，由于风力的助力作用，汽车制动距离相对增长，制动非安全区增大。当风向和汽车反向时，由于风力的阻碍作用，会使车速降低，给超车、会车带来影响。当风横向作用于汽车时，转向半径或离心力增大，汽车容易侧滑或侧翻。驾驶人必须随时注意因行车方向改变而使风力对汽车产生的不同影响，随时采取相应的预防措施。

（5）注意行人，礼貌行车。暴风来临时，常常飞沙走石。行人为避风沙只顾奔跑，忘记了安全，此时要降低车速，严密观察行人动态，如图 4-8 所示。若风沙使视线不清，则应暂停行驶。若遇到飞沙较猛的沙尘暴，则应及时选择避风沙的地段躲避，防止沙石损伤汽车的外表。

（6）谨慎跟车，距离适当。在风沙天气里，跟车过近不是一个好方法，尤其是长时间跟随在大货车附近。一方面，风沙影响视线，通过驾驶人的传递作用，自然也延长了汽车的制动距离。另一方面，大风容易造成大货车失控或所载货物倾覆。无论哪种情况，跟车过近都很危险。

（7）注意车灯，善加使用。沙尘暴天气车灯的运用和大雾天气相同，在沙尘天气开车，应打开示宽灯、雾灯、尾灯，如图 4-9 所示。多鸣喇叭，以引起行人、汽车的注意，减速行驶并随时做好制动停车的准备。夜间行驶时，不宜使用远光灯，应使用防炫目近光灯，以免因出炫目而影响视线。

图 4-8　注意行人

图 4-9　注意车灯，善加使用

（8）风沙天气，慎开空调。在风沙天气驾车时，如能不开空调，则尽量不开。因空气中的尘埃容易侵入空调系统，影响空调使用效果。若一定要开空调，也一定不能开外循环。如果打开了外循环，就会把车外的粉尘通过空调系统带入车内，污染车内环境，而且这种粉尘进入车内也非常不好清洗。

（9）去尘防风，忌用刮水器。大风天气，沙尘来袭。汽车上的刮水片会聚集大量的细小沙粒，此时使用刮水器，会对挡风玻璃产生细小的划痕，危及行车安全，同时加剧刮水片的磨损，所以不要用刮水器。

（10）适时停车，不宜冒进。风沙特别大时，应将车停靠在道路上风处，使车头背向风沙来向，并将百叶窗关闭。遇风暴时应将车停在低洼避风处，禁止在山脊公路、桥梁和傍山险路上冒风行驶。

66. 大风天如何选择停车位置？

（1）不要停在居民楼窗台下。城市里的停车位特别紧张，因此很多居民楼下都成为临时停车位，有些汽车甚至停到了大楼的窗台下。平常倒也没事，但在大风天一来就得当心了。一旦风刮起来，窗台上的物体随时可能掉下来，真要砸中车，轻则出个坑，重了直接穿透车身。

（2）不要停车在栅栏门口。停车不堵门，这是每个驾驶人必须记住的。除了不给别人添麻烦、不影响交通外，更重要的是保证汽车的安全。大风天将车停在门口，风吹起来的力量足以把一些没固定牢固的栅栏门吹得来回摆。要是车停在门前面，门左右晃动碰到车，准保车漆都花了，弄不好还得坏点什么大灯之类，得不偿失。

（3）不要停在广告牌下。如今，户外的广告牌随处可见。这些牌牌，尤其那些很大型的广告牌子，在强风的"打击"下，说不定什么时候就"咔嚓"掉下来，如果这时候有车停在它下面，后果很严重。因此，应尽量选择室内停车，不要停在广告牌下，如图 4-10 所示。

尽量选择室内停车   不要停在大树或大型广告牌下

图 4-10   不要将车停在广告牌下

（4）不要停在自行车、摩托车、施工围挡、断壁残垣边。自行车、摩托车、施工围挡这些都很轻且没有很好固定的东西，稍微大点的风就能将它们吹倒，特别是施工围挡，大都没有很好固定住，大风袭来吹得到处都是。为了避免汽车遭受"毒手"，还是远离开它们吧。

（5）不要停在茂盛的大树、老树下。树大招风，看似粗壮的大树在大风天时是最危险的，和广告牌一样，枝繁叶茂的大树也会"兜风"、往下掉树枝甚至是直接倾覆。因此我们在大风天最好不要把车停在大树附近。除了枝繁叶茂的大树外，一些年头比较长的老树和古树也特别要注意，它们更容易被大风吹倒（见图 4-10）。

67. 遇到冰雹时如何安全行车?

行车途中偶遇冰雹的情况,在夏季还是比较常见的,冰雹严重的话会对车辆和人体造成危害。

(1) 行车时突然遇到冰雹时,应该适当降低车速,千万不要加速行驶躲避,否则会加大冰雹与车辆间的撞击力度。

(2) 减速行驶之后要找地进行躲避,如果周围有大型商场或者商场的话可以驾车前往,一般这种地方都会有地下停车场。地下停车场能更好地避免车辆被砸伤。周围没有地下停车场,应找一个安全的地方停车后,让车上的人员坐到后排,以免前挡风玻璃破损后伤人,此时,驾驶人应打开双闪灯和示宽灯,提示后方车辆注意。

(3) 待冰雹下完之后再去下车查看车辆受损情况,再检查一下车窗是否有受损破裂的情况,在继续开车上路之前要先清理一下车上附着的杂物,比如冰雹渣或者飞落的树枝树叶等。

(4) 如果受损比较严重,买了车损险的话是可以得到赔偿的,冰雹属于自然灾害,没有被列入不可抗力,可以向保险公司直接申请赔偿。理赔时,保险公司会要求当事人出具一份气象证明,如果当日报纸有相关的天气报道,则可用当日报纸充当气象证明使用。

68. 在台风天气如何安全行车?

夏天是台风的多发季节,台风天气行车,千万要注意安全,不能有半点马虎。台风期间,应随时留意天气预报,观察天气变化。如果遇台风,最好不要自驾出行。

(1) 做好出车前检查。出车前一定要检查灯光、刮水器、制动系统等。台风往往会伴随着大量降水,甚至出现暴雨天气。因此,必须认真检查汽车,以保证车灯、刮水器等在雨中行车时能正常使用,确保行车安全。

(2) 保持良好的视野。如果台风较为强劲,并伴有暴雨,当能见度小于100m时,则应开启近光灯、示宽灯、前后位灯和危险报警闪光灯,车速不得超过40km/h,与同车道前车保持50m以上的距离;当能见度小于50m时,则应开启近光灯、示宽灯、前后位灯和危险报警闪光灯,并马上找安全处掩避,不得强行驾驶。

(3) 低速挡缓慢行驶。风向和风力对汽车行驶的稳定性会有一定的影响,特别是大风天气在高速公路、环城快速公路、高架公路上行驶,由于这些公路缺少建筑物的遮挡,行车时会感到风力更大。当大风横向作用于车身时，汽车行驶方向易跑偏。横风作用下高速转弯行驶，若风向与转弯时产生的离心力同向，容易使汽车侧滑甚至侧翻，再加上大风天气的车辆能见度降低，这种路况下，降低车速是非常重要的，应选用低速挡缓慢行驶，如图 4-11 所示。

图 4-11　低速挡缓慢行驶

在大风中行驶，当风向与汽车行驶方向相同时，制动距离会相对延长，遇到情况要提前采取制动措施。当风向与汽车行驶方向相对时，由于风的阻力作用，会使汽车加速性能下降，延缓超车过程，在超车和会车接近障碍物时要考虑到这些因素。

──────────── **特别提醒** ────────────

无论道路的宽窄、路面状况好坏，雨中开车尽量使用 2 挡或 3 挡，车速不超过 30km/h 或 40km/h，随时注意观察前后汽车与自己车的距离，提前做好采取各种应急措施的心理准备。

如需停车时，尽量提前 100m 左右减速、轻点制动，使后面来车有足够的应急准备时间，避免由于制动过急造成碰撞或者追尾。若遇到信号灯失灵的路口，一定要服从交警指挥。如交警尚未到达，要在确保安全的情况下，慢行通过。

────────────────────────────────

（4）防止车轮侧滑。雨中行车时，容易产生侧滑。因此，要双手平衡握住方向盘，保持直线和低速行驶，需要转弯时，应当缓踩制动，以防轮胎抱死而造成汽车侧滑。

（5）防止涉水陷车。台风过后，路面会有树枝、玻璃等杂物，还有许多水坑，这时要放慢车速，提前绕开障碍物。如果路面积水高度超过轮胎的一半，则不能涉水，因为容易造成排气管进水。在积水路段行驶，必须维持低速，防止水花溅到发动机上部的电器上，造成熄火。离开积水路段后，不能立即快速行驶，因为制动片溅水后制动不灵敏，要低速开一段时间，等制动片上的水分甩掉、蒸发后再正常行驶。

（6）防止行车中撞人。由于雨中的行人撑伞、骑车人穿雨披，他们的视线、听觉、反应等受到限制，有时还为了赶路、争抢换车而横穿猛拐，往往是汽车临近时惊慌失措而滑倒，使驾驶人措手不及。遇到这种情况，应减速慢行，多鸣笛，耐心避让，必要时可选择安全地点停车，切不可急躁地与行人和自行车抢行，防止撞倒行人。

（7）快速闪避障碍物。在台风天开车，如果突然出现危险，却来不及制动或无法刹住车子时，必须学会及时躲闪，以求得最大的安全系数。转动转向盘要由慢到快，逐步进行，且转向盘转动幅度不应大于半圈。完成闪避动作后，应迅速将转向盘回正，这样汽车很快就会从左右摇摆的状态中恢复平稳。驾驶人在整个过程中也不要紧盯着障碍物，而是应将视线对着正确的行驶方向。

───── **特别提醒** ─────

（1） 在风力很大的路段开车，切不可为了赶路而盲目开快车，而是应减速慢行，以减少行车过程中遇到的阻力。

（2） 如果在行车过程中感觉汽车太飘，不易控制，应找安全的地方停车，等情况稍好再继续行驶。

（3） 当能见度小于100m时，应开启大灯、雾灯和双闪灯，车速不要超过40km/h，与同车道汽车保持足够的安全距离。

69. 台风中行车如何避险?

（1）台风期间尽量不要驾车外出，非出车不可时应减速慢行，与前方汽车保持一定的安全距离。行驶中遇强风侵袭，应停于路边，不可强行驾驶。

（2）台风季节，如果汽车在高速公路上行驶，特别要注意侧风，同时减速，否则容易翻车。必要时可将汽车停在路边，不要勉强行驶。

（3）当汽车要穿越积水较深的路面时，不要猛踩加速踏板。这样，一方面可以防止因积水路况不明而出现危险，另一方面可以防止制动片被浸水失效。

（4）在汽车行驶途中，如果突然遇到暴风，要立即停车躲避，要尽量将汽车停放到背风之处。如果一时无法找到背风处，则应将汽车的尾部朝着来风，以防止汽车被吹翻或被沙石击打而损坏。

（5）适时将汽车移至地势较高、空旷的地方停放，并且避开高空易坠落物体的地方，尽量避免将汽车停于树下、广告牌、临时建筑、围墙边或堤防外。如果汽车停放在停车场时，要了解车库排水设施是否完善，以免被水淹没。

（6）在台风期间汽车被洪水浸泡以后，此时千万不要启动发动机，应彻底检查维修。

70. 遭遇龙卷风天气如何避险？

龙卷风多发生在夏秋季的雷雨天，尤以午后至傍晚最为多见。最好的方法就是远离龙卷风。

驾车时若遇到如图4-12所示的龙卷风，要当机立断立即弃车。不要试图开车躲避或躲在车里，也不要躲在车旁。因为汽车内外强烈的气压很容易使汽车爆炸。风暴会将其掀上半空。这时应迅速奔跑往最近的地下室、防空洞、涵洞、高楼最底层等处躲避。

图4-12　遇到龙卷风

如果是在田野空旷处，应寻找低洼地形，如沟渠、河床等处趴下。闭上口、眼，用双手、双臂保护头部，防止被飞来物砸伤。如果在停车场遇到大量人群拥挤，应将胳膊放在胸前，保持深呼吸。同时不管朝那个方向，都要不断移动。在室内人应该保护好头部，面向墙壁蹲下。

━━━━━━━━━━━━ **特别提醒** ━━━━━━━━━━━━

识别龙卷风的方法

当云层下面出现乌黑的滚轴状云，当云底见到有漏斗云伸下来时，龙卷风就出现了。龙卷风的特点是：范围小、寿命短、跳跃性强、破坏力大。龙卷风从正面袭来时，有一种沉闷的呼啸声，由远而近。如果听到这种声音，应马上采取紧急措施。

四、 严寒地区与冰雪道路的驾驶

71. 在严寒地区如何安全行车？

严寒地区气候恶劣，对汽车的动力性能和驾驶操作都有较大影响。如润滑油黏度增大，燃油汽化性能降低，变速器、差速器和后轮毂内的油脂黏度增大，对发动机的启动和汽车起步以及安全行车十分不利。严寒地区安全行车方法如下。

（1）汽车起步。

1）发动机起动后，怠速运转 3min 左右，待运转平稳正常，水温达到 50℃以上时，方可起步。

2）严寒地区而又在露天停放的汽车，由于变速器和差速器等传动系的润滑油变稠，起步和加速困难，除在停放过程中采取防冻保温措施外，必要时可用烘烤的办法，对变速器和差速器进行预热。

3）起步时挂入 1 挡。起步后用低速挡行驶一段距离，待传动系各部机件有较好的润滑后，再加速前进。切忌猛踩加速踏板和强行挂挡，以免损坏机件。

（2）汽车行驶。

1）在严寒地区行车，因无霜期短，路面冰雪不易融化，行车中车轮容易空转和侧滑，制动停车距离较长，因此车速不宜太快，一般应保持在 20km/h 左右，尽量保持匀速直线行驶，避免紧急制动和急剧转向。一般不要超车，会车时要提前减速，并随时做好制动和停车准备。

2）在转弯和弯曲道路上行车，要适当控制车速。转急弯时要提前换入低速挡，不使用制动，不急打转向盘；上坡用低速挡，保持匀速行驶，半坡避免换挡；下坡要用发动机牵阻作用控制车速，跟车距离要比正常增加两倍以上；会车要保持较大的侧向间距。

3）对装有气压式制动装置的汽车，储气筒及管路中的水蒸气，常会遇冷结冰，造成管路阻塞，制动失灵。因此，在行车中要随时注意气压表示数，并在安全路段轻踏制动踏板，检查制动性能。如发现管路中有结冰现象，应用热水使其融化并排出，保持气路畅通。

72. 在严寒地区行车时如何避险？

（1）在严寒地区行车，必须携带防滑链、三角木、绳索与小锹镐，以及其他防滑、取暖用具和必要的个人防寒用品。

（2）驾驶汽车起步后，应用低速挡，稳住加速踏板（使发动机中速运转）慢速行驶，待发动机进一步升温和底盘各总成润滑油稀化后，逐渐提高车速，转入正常行驶。

（3）由于驾驶室内外温差大，风窗玻璃易结霜，影响视线，无采暖装置的汽车，可适当降下车门玻璃，缩小温差。

（4）若在冰雪反射后异常耀眼时，可戴有色眼镜，以保护眼睛，调节视线。

（5）中途停车时间较长又不放水时，应间歇性启动发动机，使冷却水放净，防止冻坏发动机和冷却系机件。

特别提醒

低温和严寒气候条件下的防冻措施

（1）使用标号较高的汽油和燃点较低的柴油。汽油汽车进入冬季后，宜用92号、95号、98号汽油；柴油汽车，气温降到$-5\sim-14℃$时，宜用-20号柴油，气温下降至$-14\sim-29℃$时，可用-35号柴油。

（2）使用防冻液时，应选用防冻液的冰点，应低于使用地区最低气温5℃，不同类型的防冻液不可混用。

（3）没有使用防冻液的汽车，应将发动机熄火后，打开散热器盖及发动机的散热器的放水开关，将水放净；启动发动机，怠速转$1\sim2min$，待余水全排净后，再关闭放水开关；不要盖散热器盖，以防溢水导管有余水冻结。

---

73. 在冰雪道路上如何安全行车？

冰雪道路行车视线受阻、路面滑溜、制动不好等，都是影响行车安全的因素。在冰雪路面上行车，一不小心就可能出现事故，下雪时，道路不断积雪，行车阻力增大，哪怕积雪融化，也会在低温状态下结冰。光滑的路面导致车胎附着力小，不留意就会侧滑、甩尾，甚至整车横移。

在冰雪路面上行车，要根据道路形状、冰雪厚度、汽车的性能、载重等不同情况，采取相应方法。

（1）起步时，动作应尽量柔和。汽车在冰雪路上起步时，驱动轮容易打滑空转。对此可用离合器半联动配合加速踏板的方法试探起步。如果在起步时出现车轮打滑现象，可挂入比平时高一级的挡位，小轿车可用二挡起步，以减小驱动力，防止驱动轮空转，缓抬离合器踏板，适量加油。只要发动机不熄火即可。一旦车轮已转动起来，立即换入低一级挡位，就可以正常加油行驶了。对于自动挡车型，若自动变速箱带有雪地模式，只要下雪就利用该模式即可。即便没有雪地模式，也可以试试手动换到2挡。在降低发动机扭矩、提高轮胎抓地力的情况下，顺利实现汽车起步。如果上述方法无效，可在驱动轮下垫些沙土、柴草或煤渣等物；或用锹镐把驱动轮下面及前方的路面刨成X形或人字形沟槽，以提高轮胎与地面的附着力。如果轮胎已冻结在地面上，禁止强行起步。传动装置未经预热的汽车，起步后禁止急于加速，应先低速行驶一段距离，待齿轮油温度升高后再提高车速。对轻型汽车，特别是微型汽车，由于车体轻，必要时驾驶人可下车，一手控制方向，一手推动汽车即可完成防滑起步。

（2）行驶。

1）车速要慢。行驶中要稳住加速踏板，保持中速行驶，不要猛踩加速踏板。转弯时不要急打方向，以防汽车出现横滑。在冰雪路面上行驶不宜空挡滑行，以保证对汽车的控制。

2）超车要少用。在冰雪道路上，禁止超车，如任务紧急，要选择宽敞、平坦、冰雪较少的路段，并得到前车同意时再行超越。必要时，可在较宽的地段停车让行。禁止强行超越，以防发生意外。

3）会车应慎重。两车交会时，尽量减速，并选择冰雪较少、平坦宽阔的地点，交会时禁止太靠路边，保持足够的横向安全距离。若路面狭窄，有条件的一方应主动停车或后退礼让，禁止冒险交会。若积雪较深，对路面没有把握，可先下车试探路况，再会车。

特别提醒

行车途中莫心急

驾驶人在冰雪路面行车，应当充分顾及他人。即便有的汽车行驶较慢，也应谅解，不要随便闪灯或鸣笛催促。行车时留有余地，不要争抢车道。与前车保持足够的安全距离，遇到情况提前减速，当发现前车制动时，自己也应马上收油并将脚放在制动踏板上准备着，以免酿成事故。

（3）制动。汽车在冰雪路上减速或停车时，应尽量使用预见性制动，并尽可能地运用发动机的牵阻作用制动，灵活地运用驻车制动，尽量避免使用制动器制动，以免产生侧滑。如果必须使用行车制动。一定要轻踩，不可使用紧急制动，否则将很可能造成侧滑。如果产生侧滑，应马上松开制动，使方向盘能够重新控制汽车。进入转弯前应采取制动措施，千万不要在弯道中踩制动，这样将使汽车失去控制。

（4）打方向要轻柔。在冰雪道路转弯时，请先减速，然后慢打转向盘。在不影响对面来车的情况下，尽量扩大转弯半径，以减小转弯时的离心力。操作转向盘时，双手握住方向盘，应转动柔和，慢转慢回，切忌急转猛回，以防侧滑、横甩。

（5）停车要慎选地点。汽车在冰雪路上中途若需停车，应尽量选择没有冰雪的空地，若除了在冰雪路面上停车外别无选择，请选择朝阳、避风、平坦干燥处停放，切不可紧靠建筑物、电线杆或其他汽车，以防侧滑时碰撞。

若在结冰或积雪地面长时间停车，则应在轮胎下面垫上沙土、草灰等物，防止轮胎冻结在地面上。

━━━━━━━━━━ **特别提醒** ━━━━━━━━━━

（1）禁止在积雪较厚或冰面特别湿滑的地方停车。

（2）禁止长时间停车又不启动发动机定时加热。

（3）禁止将车头对着风雪方向停车。

74. 在积雪覆盖的道路上如何安全行车？

积雪覆盖的道路，其路面的真实情况不易辨别，可根据路边树木、路标、电线杆等参照物来判明行车路线，然后沿着道路中心或积雪较浅的地方慢慢通过。若积雪路上已经有车辙，则应沿车辙行驶，如图 4-13 所示。沿车辙行进时，禁止猛转猛回转向盘，以防偏出车辙打滑下陷。如果车辙冻冰而且较浅，则应骑跨车辙行驶。

图 4-13　循车辙而行

在积雪覆盖的道路上行车时，应适当地控制车速，握稳转向盘，沿路中心或积雪较浅的地方缓慢行进。如果积雪深至车轮，则应将积雪铲除后再前进。

在转弯、坡路或河谷等危险、可疑路段行驶时，若路况稍有可疑，则应立即停车，待判明情况后，再行通过。会车、让车时，禁止对路边情况不了解就盲目靠边让车或会车，而应下车探试积雪下面的路面情况，待有把握后，再将车靠边进行会车、让车。

在雪地行车时，应戴有色眼镜，避免雪光反射伤眼睛，并注意适当休息。禁止长时间注视白雪。

75. 冬季停车如何防止手刹冻结？

（1）冬季遇有雨雪天气或洗车后，停车时应减少使用手刹。雪天行车后，挡泥板内侧会存有积雪，可能覆盖于手刹拉线上将其冻住，再次启动时就可能因手刹冻结而无法行驶。尤其是自动挡汽车，后制动片与制动盘可能结冰。

（2）冬季停车可选择用支撑物固定汽车，减少使用手刹。在平坦的路面停车，没必要将手刹拉到顶点，轻拉两扣即可。自动挡汽车置于 P 挡，只要处在平坦的停车位上，不拉手刹也可。

（3）如遇手刹冻结，应采用外部加热的方法让冰融化。如果温度极低，则切忌泼热水，否则可能会使制动盘冻得更紧。另外，对于机械手刹来说，在使用一段时间之后，应检查是否能有效驻车，以防在使用中出现意外。如果发现手刹拉线出现防尘套破裂或折弯现象，应及时更换，否则手刹冻结后很难解除，严重时可能损坏制动片。

76. 在冰雪道路行车时如何防止车轮打滑？

汽车在冰雪道路行驶，车轮容易打滑。特别是在汽车起步、爬坡时，驱动轮空转，尽管发动机能够提供强劲的动力，汽车却难以移动。

（1）适当降低轮胎气压。在冰雪道路上行驶，为了防止车轮打滑，可以适当降低轮胎气压，以增加轮胎与地面的接触面积，增强轮胎的抓地能力。但当汽车进入正常路面行驶时，应该把轮胎的气压恢复到正常值。

（2）合理安排乘员位置。为了防止汽车在冰雪道路行驶车轮打滑，对于乘坐车来讲，如果是前轮驱动的汽车，要让乘员在汽车的前排就座；如果是后轮驱动的汽车，要让乘员在汽车的后排就座。

（3）增加驱动轮的对地压力。雪地行驶，设法增加驱动轮的对地压力，可以增加驱动轮的对地抓力，从而防止驱动轮打滑空转。

1）为增大车轮附着力，轮胎气压不可过高，空载时可略微降低轮胎气压，最好是换上花纹粗大的越野轮胎，或者将原来的低压窄胎改装为超低压的宽胎，这样做能够收到一定的汽车防滑效果。

2）冰雪道路行驶，防止车轮打滑最可靠、最实惠的办法，当属在车轮上安装防滑链。可以在所有的车轮上都安装防滑链，但是，防滑链在驱动轮和从动轮上的功用是有所区别的。驱动轮上的防滑链在汽车起步、提速、爬坡、制动时，均可提供轮胎的防滑功用；从动轮上的防滑链主要是汽车制动（包括行车制动、驻车制动）时提供轮胎的防滑功用。无论是安装在驱动轮上的防滑链，还是安装在从动轮上的防滑链，都可以提供防止汽车侧滑的功能。

（4）冰雪道路转向的操纵。冰雪道路行驶，转向盘不可猛打猛回。转动转向盘时，要缓慢放松加速踏板，使车速均匀下降后再转向。发生横滑甩尾时，要向甩尾的一侧转动转向盘，如图 4-14 所示。修正车身后逐渐驶回原路线。转弯时，在不妨碍对面来车的情况下，转弯半径可适当大一些。为了避免因转向造成汽车甩尾，应该先减速，后转向。

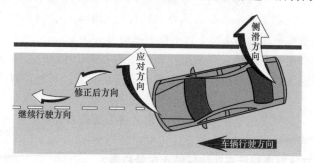

图 4-14 向甩尾一侧转动转向盘

（5）冰雪道路制动的操纵。冰雪道路行驶，要尽可能使用发动机制动。行驶中，要尽量避免使用脚制动。在结冰道路行驶时，可以给轮胎装上防滑链。

特别提醒

注意事项

（1）不要认为安装了防滑链汽车就可以在冰雪道路放心地行驶了。过高的车速有可能让防滑链甩脱，防滑链对轮胎和路面都有一定的伤害。因此，安装防滑链之后，车速不可超过 30km/h，而且车速要平稳，制动要柔和。在没有冰雪覆盖的路面，可以暂时取下防滑链。

（2）防滑链固然可以提高车轮的防滑性能，但是，在冰雪道路上行驶，仍然要小心谨慎。因为，并不是所有的车在冬季都会安装防滑链，要当心这些没有安装防滑链的车与你的车相撞。

77. 行车中被暴风雪困住后如何自救？

在有灾难性天气时，最好不要外出。如果必须外出，如属暴风雪天气，则应准备保暖衣物、棉被、手电、干粮、饮用水、汽车的防冻设备，如防冻汽油等。

冬天如果被暴风雪困住无法继续行驶以后，则应掌握一些自救的方法。一般应注意以下几个方面的问题。

（1）及时向公共救灾部门求救。行车途中遭遇暴风雪时，由于个人的能力有限，故应想尽一切办法及时向公共救灾部门求救，可以通过打报警和求救电话。一旦打通求救电话以后，就不要再频频通话，以保持手机的电量，以便在关键时刻保持正常的联系。

（2）注意人员的保暖。行车途中遭遇暴风雪在等待救援时，一定要采取一定的措施防止人员被冻伤。如果汽车没有被暴风雪完全封住，而且具有取火设备，可以从汽车内出来，捡一些树枝或其他易燃物生火，以保持温暖。如果没有生火条件，就要采取保暖物品进行保暖。人体需要保暖的首要部位就是头部，但也要注意好手指的保暖。对于需要长时间等待救援而不得不在雪地野外过夜的情况，则可以在背风的地方挖个雪洞，既可以避身又可以保暖。

（3）适当调整车内温度。如果遇到暴风雪时汽车无法打开，则在车内的人员应裹紧衣服或棉被进行保暖。如果救援迟迟未到，可以每隔 1h 启动发动机和空调 10min 左右，以暖暖身体，但不要长时间开动，以防因温暖舒适而打瞌睡；同时也可以节省燃油，以延长等待救援的时间。如果汽车可以打开，而且暴雪不大，可以隔 1～2h 下车走动走动，活动一下身体，防止脚趾冻伤，但不要做剧烈运动，以防能量消耗增加。

特别提醒

汽车可因风雪"抛锚"，风雪中特别是长途客车要尽力保证乘客的安全。老人和孩子抵御严寒的能力较弱。可将车窗关闭，保持车内温度不外散。

（4）被困雪中不要抽烟喝酒。行车途中遭遇暴风雪在等待救援时，不要抽烟喝酒。这是因为烟、酒会改变血液循环，反而降低了体温。比如，酒精会使血管扩张，致使体温散失更快，而且喝酒以后容易瞌睡，一旦睡着，极容易冻伤。

（5）下车防摔伤和骨折。汽车被困在暴风雪中时，如果人员下车走动，一定要防止摔伤和骨折。在雪中摔倒时，人们往往下意识地采用用手撑地来防护，这往往会造成手腕受伤。雪中摔倒也较容易导致股骨和膝关节骨折。因此，汽车被困雪中人员下车行走时，要戴厚手套、护膝等，这样既可以起到缓冲作用，又可以保暖。

五、 炎热天气驾驶

78. 高温条件下如何安全行车？

高温行车易使发动机功率下降，机件磨损加快，致使机件故障增加。由于气温高，发动机的冷却系统容易因水温过高而开锅；蓄电池因电解液消耗加剧而缺水；液压制动因气阻而使制动不灵；轮胎因温度过高气压上升而爆裂。

高温酷暑也易使驾驶人身体极度不适，因此高温安全行车应掌握以下方法。

（1）行车中应随时观察水温表示数。超过正常温度应及时采取降温措施，以防发动机温度过高。

（2）采用合理的降温措施。

1）选择阴凉处停车，并打开发动机罩盖以通风散热，待水温下降后再继续行驶。

2）检查并添加发动机冷却液。加注冷却液时，注意防止被水蒸气烫伤，同时，不得将热水全部放出，以免因热胀冷缩损坏气缸。

3）检查风扇传动带的张紧度，进行适当调整。

（3）夏季驾驶人在高温下体力消耗大，由于天热夜间睡眠不足，情绪烦躁。有些跑长途的汽车，驾驶人会选择在夜间行车。这些都会产生因精神疲倦而打瞌睡，影响安全驾驶汽车，因而需要特别注意。

───────────── 特别提醒 ─────────────

在烈日烘烤的汽车中，不要把以下物品放在车内：

（1）打火机。有抽烟习惯的驾驶人常将打火机放在车内。内部液体受热膨胀，很容易爆炸。如果一定要抽烟，建议使用汽车自带的点烟器。

（2）汽车香水。有些驾驶人为了改善车内环境，会在仪表台上放一瓶汽车香水。香水挥发产生的气体易燃；当汽车受到高温烘烤，车内温度不断上升时，很容易引起香水爆炸。

(3) 碳酸饮料。碳酸饮料含有二氧化碳气体，在高温下容易膨胀。在汽车行驶晃动时容易导致罐体破裂。驾驶人在停车后，最好将碳酸饮料拿出来。

(4) 数码电子产品。驾驶人停车后，一定要把手机、数码相机、充电宝、电池等从车内拿出来。这些产品会因温度过高导致机器故障。电池在高温下也容易发生爆炸。

(5) 食品。把食品放在烈日烘烤的车内，高温环境极易导致食品腐烂、变质。

79. 夏季行车如何避险?

(1) 防暑防疲劳。夏季长途行车，可随车携带一些必要的用品，如防暑药物、遮光眼镜、毛巾、水壶、水桶等。出车前还应该注意睡眠，以保持充沛的精力。夏季午后的一段时间内最为炎热，容易引起疲劳或瞌睡，在条件许可的情况下，要尽量避开在这段时间行车。如果行车中感到视线逐渐变得模糊，反应迟钝或心情烦躁，不要再勉强开车，应当立即停车休息，或者下车活动一下，待精神振作后再继续行驶。夏季紫外线强烈，特别是在日出和日落的时间内，如果汽车正好迎着太阳行驶，阳光的照射会造成驾驶人炫目，虽然车内有遮阳板，但是，放下遮阳板会缩小视野，影响观察道路上方的信号灯和交通标识。如果随车携带有遮光眼镜，此时就可以派上用场了。

特别提醒

疲劳是指驾驶人每天驾车超过 8h，或者从事其他劳动体力消耗过大或睡眠不足，以致行车中因倦瞌睡、四肢无力，不能及时发现和准确处理路面交通情况的状态。连续驾驶中型以上载客汽车、危险物品运输车辆以外的机动车超过 4h 应停车休息，停车休息时间不应少于 20min，如图 4-15 所示。

别着急! 休息! 休息20分钟……

图 4-15　停车休息

(2) 防止行车时打瞌睡。驾驶人在行车前要注意休息，保证充足的睡眠。夏天，尽量利用早、晚或天气凉爽时行车，禁止在习惯睡眠的时间驾车，以免因破坏生活规律而产生睡意。行车中感到视线逐渐变得模糊、思维变得迟钝时，必须立即停车休息。休息时，可将车停到服务区或允许停车的路边，下车散散步，可用冷水淋洗头脸，或做些体操、喝些茶水等，也可在前额涂以适量的清凉油，以清醒头脑、振作精神。必要时可以喝点咖啡，嚼点口香糖，以消除睡意。

（3）防止发动机过热。

1）夏季应加强对发动机冷却系统的检查、维护，确保冷却系具有良好的冷却效果。检查散热器是否有破损，及时清除散热器片间嵌入的杂物；认真检查节温器、水泵、风扇的工作性能，损坏的应及时修复，同时注意调整好风扇传动带的张紧度；检查冷却液量是否充足，必要时加注冷却液。必要时应清除散热器和缸体、缸盖水套内的水垢，以提高冷却效果。清除水垢时，应根据铝合金气缸盖水套与铸铁气缸盖水套的区别，选配不同的除垢剂。行车中要随时注意观察冷却液温度，当冷却液温度超过100℃时，可以选择在荫凉处停车降温，让发动机怠速运转，并掀开发动机室盖以利于散热，但不可向发动机泼冷水，以防机体炸裂。

2）发动机机油、汽车齿轮油应选用夏用黏度级或多黏度级的优质润滑油；润滑脂应选用耐高温的润滑脂，轮毂轴承应换用滴点较高的润滑脂。应经常检查油量、油质，并及时添加或更换；应加强空气滤清器、燃油滤清器和机油滤清器的维护，以确保油路、气路的畅通，使发动机有良好的润滑条件。

3）在高温条件下，应加强发动机的散热和通风，保持发动机处于正常工作温度，同时应及时清洗汽油滤清器，保证油路畅通，避免供油系统产生气阻。万一气阻产生，应立即停车降温，可通过冷敷降温消除气阻。现代电喷汽车多采用电动汽油泵，它远离发动机热源，可有效防止气阻。液压传动制动系应换用高温抗气阻性好的制动液。

80. 炎热天气行车如何防止"开锅"？

炎热天气行驶，最怕汽车"开锅"。造成汽车"开锅"的主要原因，除了发动机水箱（散热器）内外积垢过多之外，还有发动机冷却液不足、节温器失效、风扇电动机的热敏开关不导电或导线脱落、风扇电动机损坏、水泵传动带（与发电机传动共用）过松或断裂、散热器内部或外部过脏、节温器失效等原因。防止汽车"开锅"的方法如下。

（1）冷却液的检查及添加。发动机在冷态时，膨胀水箱的液面应位于 MAX（上限）和 MIN（下限）之间。如果液面低于 MIN 刻线，应该补充冷却液。如果膨胀水箱中已经无冷却液，则应该同时往散热器和膨胀水箱内加注冷却液。

1）在往散热器内加注冷却液时，应该在发动机降温之后拧开散热器盖，以防冷却液喷溅发生烫伤事故。如果时间紧迫，必须在发动机热态下加注冷却液，应该用抹布裹着散热器盖，将其缓慢拧开。

2）添加冷却液之前，应该查看发动机是否存在漏水的情况。排除了发动机漏水的故障之后，再向冷却系统添加冷却液。

3）冷却液缺少时，不得加水，以免使冷却液的冰点上升，或使冷却系统产生腐蚀、结垢等不良后果。应该添加与冷却系统内相同品牌的冷却液。添加了不同品牌的冷却液，由于配方不同，可能会引起化学反应，致使冷却液产生气泡、沉淀物或腐蚀机件。

4）有些冷却液对人体有害，故不要让冷却液进入口腔和呼吸道，要尽量减少皮肤与冷却液的接触。

（2）传动带的检查及调整。如果发动机风扇是由传动带驱动的，传动带过松或断裂，将会导致发动机高温或开锅。如果风扇传动带已经断裂或破损，应该更换新的传动带。如果没有明显缺陷，只是张紧度不够，可以进行调整。检查传动带张紧度如图 4-16 所示，用食指以 90～100N 的力按下传动带，传动带应下凹 8～10mm。传动带紧度不符合要求，可进行调整；传动带的调整如图 4-17 所示，拧松调节臂上的调整螺栓，用撬杠适度压下发电机，将调整螺栓紧固，然后复查传动带紧度是否符合要求。

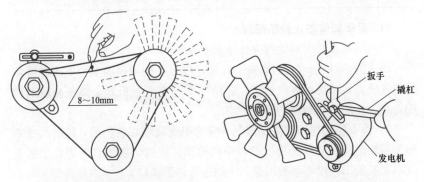

图 4-16　检查传动带张紧度　　图 4-17　传动带的调整

如果发动机风扇是由电动机驱动的，在发动机工作时风扇不旋转，必然导致发动机开锅。这种情况，首先要检查风扇电动机的连接导线是否脱落。风扇电动机的控制导线插接在热敏开关的一端，如果插接导线脱落，即便是在寒冷的冬季，也会出现发动机开锅的情况。

发动机冷却液不足、也有可能导致发动机开锅。在发动机开锅的情况下，如果让汽车继续行驶，发动机将会造成发动机严重损坏。

───── **特别提醒** ─────

汽车"开锅"三忌

（1）"开锅"后忌立即熄火。若发现发动机开锅，立刻让发动机熄火，冷却液的循环流动会停止，发动机内部的热量无法向外散发，更增大了发动机抱缸（活塞抱死在气缸内）的可能性。所以发现发动机开锅时，要在掀开发动机盖的情况下，让发动机怠速运转1~2min，然后关闭点火开关，使发动机熄火散热。稍等片刻（3min左右）再启动发动机，怠速运转几分钟之后，再停机熄火。

（2）"开锅"时忌立即开盖加水。发动机开锅时，不要急于拧开散热器盖添加冷却液，以免冷却液喷溅，造成人员烫伤。正确的做法是发现水箱"开锅"后，立即打开发动机舱盖以增加空气流量，待水温有所下降不再沸腾时，再用湿毛巾做垫手，先把散热器加水盖拧开一挡，放出水蒸气，稍待片刻再全部打开。同时要将脸部避开加水口上方，防止热水喷出烫伤脸部。

（3）发动机温度过高时忌泼冷水浇发动机。发动车时忘记加冷却水，待发现温度已经过高时，就向发动机缸体、缸盖上浇凉水来降温。这样可能会造成发动机缸体由于骤冷而炸裂，酿成严重的后果。

81. 夏季如何防止轮胎爆裂？

（1）出车前必须对轮胎进行仔细检查。

1）要检查轮胎气压是否符合标准，应根据使用说明书的要求正确掌握充气压力，不可过高或过低。轮胎气压过高或过低均会降低轮胎的使用寿命。轮胎气压越高，越易爆胎。

2）检查轮胎选用和搭配情况，应选用质量较好的轮胎，轮胎尺寸要与车型相适应，最好选用花纹较小的轮胎，同时，要综合考虑轮胎的花纹形状及新旧程度等各种因素，定期进行轮胎换位。

3）要检查轮胎完好情况，对于磨损严重或有较深裂纹的轮胎应及时更换。

4）要检查轮胎花纹中是否有石子等坚硬物，若有，则应及时剔除。

（2）为保护轮胎，行车中驾驶人应严格遵守驾驶操作规程，在行驶中起步不可过猛，尽量避免高速转弯，避免频繁制动和紧急制动。

（3）严格控制车速和轮胎温度。汽车行驶的速度越快，轮胎温度上升得越快。高温条件下，轮胎胎体强度下降，容易产生胎面脱胶和胎体爆破。当汽车长时间高速行驶时（尤其是炎热的夏天），应经常检查轮胎温度，如发现轮胎温度过高（胎面部分烫手，超过 $55\sim60℃$），应及时采取降温措施，待轮胎温度降低后，方可继续行驶。

───── 特别提醒 ─────

夏季无论是水泥路面还是沥青路面，都被太阳晒得滚烫，汽车轮胎与地面接触也要承受这种高温；由于制动的使用，会使制动鼓和轮辋发热；再加上轮胎自身的摩擦，会使轮胎过热，轮胎内气体受热膨胀，当轮胎气压过高时就会出现轮胎爆裂的情况。

因此，夏季长距离行车，中途要适当选择阴凉地点暂时休息一会儿，等到轮胎温度降低、胎压正常之后，再继续行驶，不能采取放气或浇凉水的方法来降温。

82. 在炎热天如何防止汽车制动突然失灵？

在炎热天气条件下行车气温高，如果频繁地使用制动，会导致制动液的温度上升，制动液在温度过高时将蒸发气化，制动皮碗在高温时也会变软破裂而漏油，这些都会使制动效能大幅度下降，甚至会使制动突然失灵。

对于采用液压制动器的汽车，在高温条件下，要注意液压制动器制动皮碗因膨胀和制动液因蒸发汽化造成的制动失灵，驾驶时应定时试验制动性能。踏下制动踏板感到软弱无力或制动效能变化时，要立即停车检查，检查制动鼓的温度是否过高，有无制动液甩出。如果制动踏板有弹性，表明制动系统中有气体存在，可进行排气，排气后要加足制动液。

对于没有制动鼓降温装置的汽车，当制动鼓温度过高时，禁止浇泼冷水，以防制动鼓裂损。

───── 特别提醒 ─────

炎热天气条件下通过沥青路面时，应尽量少用制动器，即使使用制动器也要轻踩制动踏板，使制动距离适当延长，以防制动失误，造成汽车事故。

83. 炎热天行车如何防治中暑?

炎热天中暑是指人体在高温或烈日下,体温调节功能紊乱、散热功能障碍,致使热能积累出现高热、无汗及中枢神经系统功能紊乱症状为主的综合征。中暑是一种威胁生命的急诊病,若不给予迅速得力的治疗,可引起抽搐、永久性脑损害、肾衰竭甚至死亡。

中暑的原因很多,如在高温、高湿、通风差的环境下;长时间在恒温下生活和工作的人突然进入高温环境;露天受阳光直接暴晒,再加上大地反射,大气温度再度升高;过度疲劳、缺乏体育锻炼、睡眠不足、酗酒都可能成为诱因而引起中暑;尤其是患有高血压、心脏病者易诱发中暑。

防治中暑的方法如下。

(1) 躲避烈日。尤其应该避免上午 10 时至下午 4 时这段时间在烈日下行车,因为这个时间段发生中暑的可能性是平时的 10 倍,尤其老年人、有慢性疾病的人,特别是有心血管疾病的人在高温季节要尽可能地减少外出。

(2) 补充水分。准备充足的水和饮料,养成良好的饮水习惯,通常最佳饮水时间是早晨起床后,上午 10 点,下午 3~4 点,晚上就寝前,分别饮 1~2 杯白开水或含盐饮料 (2~5L 水中加食盐 20g)。保证每天喝 1.5~2L 水,出汗较多时可适当补充一些盐水,弥补人体因出汗而失去的盐分。不要等口渴了才喝水,因为口渴表示身体已经缺水了,平时要注意多吃新鲜蔬菜和水果可补充水分。

(3) 充足睡眠。夏天日长夜短,气温高,容易感到疲劳。充足睡眠可使大脑和身体各系统都得到放松,既利于工作和学习,也是预防中暑的好措施。睡眠时注意不要躺在空调的出风口和电风扇下,以免患上空调病和热伤风。

(4) 增强营养。营养的膳食应选用具有高热能、高蛋白,富含维生素 A、维生素 B_1、维生素 C 等的食物。平时可多喝番茄汤,绿豆汤、豆浆、酸梅汤等。

(5) 备防晒用具和防暑降温药品。随身携带防暑药物,如人丹、十滴水、藿香正气水、清凉油、风油精等,以防急用。外出时的衣服尽量选用棉、麻、丝类织物,应少穿化纤类服装,以免大量出汗时不能及时散热,引起中暑。

(6) 适时健康体检。凡发现有心血管系统器质性疾病、持久性高血压、溃疡病、活动性肺结核及体弱者，要增强防护意识，不宜从事高温作业。

84. 中暑后应如何急救？

（1）迅速撤离。迅速撤离高温环境，将患者抬到通风、阴凉、干爽的地方休息忌卧冷地，否则加重病情。使其平卧将头及肩部垫高，松开或脱掉患者衣服，如衣服被汗水湿透应更换衣服。室内放置冰块、井水、电扇等。

（2）物理降温。患者头部可盖上冷毛巾，可用50％酒精、白酒、冰水或冷水进行全身擦浴，在头额部、枕后、颈部、腋下、腹股沟等大血管处放置冰袋。但不要快速降低患者体温，当体温降至38℃以下时，要停止一切冷敷等强降温措施。

（3）快速补液。患者仍有意识时，可给少量多次饮用含盐分的清凉饮料，忌饮冷水，茶水是很好的消暑饮品。在补充水分时，可加入少量食盐或小苏打水。但千万不可急于补充大量水分，否则会引起呕吐、腹痛、恶心等症状。

（4）促醒。病人若已失去知觉，可掐人中、合谷等穴，使其苏醒。若呼吸停止，应立即实施人工呼吸。

（5）转送。如果出现血压降低、虚脱时应平卧，及时送医院诊治。搬运患者时，应用担架运送，不可让患者步行。同时，运送途中要积极进行物理降温，以保护大脑、心肺等脏器。

85. 如何预防汽车空调病？

汽车行驶过一段时间以后，空调系统的风道内会积存大量的灰尘，且常年保持潮湿、温热，最适宜细菌的繁衍。受不洁空气的影响，驾驶人容易感到头晕、乏力、恶心，并导致呼吸道疾病，如扁桃体炎、气管炎、肺炎等。抵抗力较差的老人、儿童都可能因不洁的汽车空调器而致病，这就是空调病。预防汽车空调病的方法如下。

（1）在使用车内空调时，不要把制冷强度调得过大，要根据车外气温来调节车内空调的制冷强度，使车内外温差控制在8℃以内，最大不超过12℃，在这个温度范围内，人体的体温中枢就能灵活自如地进行调节。

（2）长时间在空调车内感到身体不适时，应该适时打开车窗通风，或者降低空调的制冷强度，在空调车内要增穿衣服，感到口渴时要注意饮水。

（3）在汽车行驶中使用空调时，要把空调放在空气外循环的挡位，以确保车内充满新鲜的空气。

（4）如果路途堵车时使用空调，要将空调转换到空气内循环的挡位，以免发动机废气窜入车厢内。在汽车原地不动时，不要开着空调在车内打盹或睡眠，这是非常危险的。

（5）在日常养护时，就需要对空调系统的风道、暖风水箱，空调蒸发器和进气过滤装置进行清理，铲除污染源，以保证车内空气洁净。通常应注意以下几个方面的问题。

1）更换灰尘滤清器。如果灰尘滤清器使用时间并不长，可以用高压吹干净；如果已经堵塞，直接更换一个原厂灰尘滤清器即可。多数小型车的灰尘滤清器都安装在车前的挡风玻璃下面，被流水槽盖住。

2）外循环风道杀菌。市场上有多种用于清理空气风道的清洗剂，驾驶人可以自己选购。具体的杀菌操作方法如下：①取下灰尘滤清器，启动汽车，打开空调器并把空调器置于外循环挡，把泡沫状清洗剂喷到灰尘滤清器外，空调器的外循环风就会把清洗剂吸入风道内，对风道、空调蒸发器和暖风水箱分解物进行除菌和去除异味，污物会变成液体从空调器的出水口流出；②采用上述方法除菌以后，最好再将原灰尘滤清器更换成新件，这样车内出风口就会吹出清新的空气。另外，一些汽车装饰店还利用高浓度臭氧水为汽车空调器进行杀菌处理。

六、 夜间驾驶

86. 夜间如何安全行车？

（1）夜间起步。夜间在汽车起步之前，应先打开灯光，以便看清前面的道路，然后再起步行驶。在照明不好的地方尽量使用远光灯，对面有来车时，要及时把灯光切换成近光，不要使对面的驾驶人目眩。

（2）夜间行车。

1）注意控制车速。夜间驾驶必须降低车速，在驶经弯道、坡路、桥梁、窄路和不易看清的地方更应降低车速并随时做好制动或停车的准备。

2）注意增加跟车距离。驾驶人在夜间行车时，必须准备随时停车。在这种情况下，为避免危险，要注意适当增加跟车距离，尤其在多尘道路上跟随前车行驶时，更应拉长与前车的距离，以免前车扬起的尘土在灯光照射下妨碍视线，以防止前后车相撞事故。

3）尽量避免超车。在夜间应尽量避免超车。必须超车时，应准确判明前方情况，确认条件成熟后，再跟进前面的汽车，连续变换远、近灯光，必要时采用喇叭配合，以告知前面的汽车避让。当判断前面的汽车确已让路允许超越时，方可超车。在超车时应适当加大汽车间的距离。在灯光照射下看不清超车前方交通情况时，禁止冒险超车。

4）夜间会车。夜间会车时，在距对面来车150m外，将远光灯改用近光灯。根据道路条件控制车速，使汽车靠道路右侧保持直线行进。眼睛不宜直视对方来车的灯光，可以注视路面的右侧，以避开对方来车的直射灯光的干扰。

特别提醒

夜间会车时，将远光灯切换成近光灯，这是为了提高行车安全。会车遇到对面来车不关闭远光灯的野蛮行为，不要以同样的方法反击。夜间会车被对向来车的远光灯直射时，应当立刻减速靠右让行，或者靠右停车让行。

5）上、下坡。上坡时提前加速，进行远、近光的变换，提醒对面来车注意；将近坡顶时，要合理地控制车速，将远光灯换为近光灯，以防对面来车炫目而造成汽车失控。下坡时应使用远光灯，以增大视线范围。

6）通过交叉路口、转弯时。通过交叉路口、转弯时，应在距路50～100m处减速，提前打开转向指示灯，并在150m以外开、闭近光灯，示意路口、左右方向来往的汽车和行人。右侧路口有来车时，应根据来车灯光的远近，确定是先行还是避让。

7）注意"警示"物品。夜间行车时，如果发现道路上毫无征兆地出现一些石头、砖头、树枝等物体，应第一时间轻踩制动，变换车道，并将脚一直放在制动踏板上。这些物体可能就是警示物，不是每辆车都带有警示三脚架，驾驶人只能通过这些物体来提醒后面的驾驶人，看到它们，可能前方没多远就停着一辆故障车。

8）夜间突然起雾。夜间突然起雾时，应第一时间将雾灯打开，降低行车速度，在保证安全距离的前提下跟车。雾特别大时，必须进一步降低车速，如20km/h，并打开双闪，此时，尽量少超越前车。

（3）夜间停车。夜间较长时间停车，最好将车驶离公路；短时间停车时，应开启示廓灯和尾灯，有危险报警信号灯的汽车，应将危险报警信号灯打开，以提示前后来往的汽车、行人及非机动汽车，以防止发生意外。排除故障时，应在距车后50m处设立故障警告标志牌。抛锚车辆等待救援时，车内人员应离开车辆。夜间行驶或停车时，要避免车轮驶入路边的草地，以防暗沟、暗坑或因路基松软等而发生陷车事故。

（4）注意克服驾驶疲劳。夜间行车容易疲劳瞌睡。可以用经常改变远、近灯光的办法，一方面提高其他车辆的注意，另一方面也有助于减轻视觉疲劳。太疲劳时应停车休息，不要强行赶夜路。

特别提醒

注意路况变化

一般来说，如果感到车速自动减慢、发动机声音变得沉闷时，说明行驶阻力增加，汽车可能正行驶在上坡或松软路面上。如果感觉车速自动加快、发动机声音变得轻快时，说明行驶阻力减小，汽车可能正行驶于一段下坡路中。

在没有月光的夜晚，路面一般为灰黑色，路面以外一片黑色。有水坑的地方会显得更亮，而坑洼处则会更黯黑。

---

87. 夜间行车时如何正确使用灯光？

夜间行车离不开灯光的照明，如果使用灯光不正确，不仅影响视察道路上的情况，而且还会发生交通事故。打开车灯不仅是为了照明，更重要的是让其他汽车能够观察到车的存在。应在灯光能显示出车的轮廓时就打开前照灯，这样更为安全。

夜间行车正确使用灯光方法如下。

（1）起步时，应先开亮灯光看清道路，后起步行驶；停车时，先停车后关灯。

（2）及时打开尾灯、示宽灯、牌照灯和仪表灯。

（3）当看不清前方100m处的物体时，应打开前照灯。

（4）车速在30km/h以内时，可使用近光灯，灯光须照出30m以外；车速超过30km/h时，应使用远光灯，灯光须照出100m以外。

（5）在有路灯的道路上，一般只使用近光灯。

（6）通过有指挥的交叉路口时，应在距离路口30～50m外关闭前照灯，改用示宽灯，并按需要使用转向灯。

（7）在雨、雾中，宜使用雾灯或近光灯，不宜使用远光灯，以免出现炫目作用而影响视线。

（8）在路边停放时，应开亮示宽灯和尾灯，以示本车位置。

特别提醒

夜间使用灯光的时间一般与城市路灯开熄时间相同。当遇阴暗天气或视线不良时，可提前开灯，凌晨可推迟闭灯。

88. 夜间行车时如何安全倒车与掉头？

（1）夜间倒车。因汽车后面照明不良，所以在夜间尽量避免倒车。若必须倒车时，应首先下车观察路面情况，然后再倒车，在进、倒汽车时，一定要多留余地，在看不见目标的情况下，可以采用手电筒或其他灯光进行照明，倒车时最好有人进行指挥，以保证操作汽车的安全。

（2）夜间掉头。车辆在夜间行驶尽量不要在公路上掉头，如确需进行掉头，最好选择十字路口、环形路口或丁字路口，或立交桥等处实现一次性前进掉头。如没有前进掉头的条件，应先下车观察路面情况，在道路和交通条件许可的情况下进行掉头。掉头时，最好有人在路上指挥，前行时可多占路面，倒车时要留有余地。遇有来车，应先让其通过。

89. 夜间如何倒车入库？

夜间将汽车倒入车库的难度较大。若车上有倒车雷达或倒车影像装置，则应打开倒车雷达或影像装置，按倒车要领，听着提示音，安全将车倒入车库。如果车上没有倒车雷达和倒车影像装置，那么倒车时应注意以下事项。

（1）倒车前，应下车仔细看车库前和车库内的情况，如果车库狭窄，则不应将车倒入，待白天再视情况倒车。

（2）观察好进退路线后，按正常倒车的操作方法将车开到车库前。

（3）关闭前照灯，打开倒车灯或后照灯，如果没有倒车灯或后照灯，要打开尾灯，以便察看车后情况。

（4）若看不清车库门柱，可用手电筒或其他灯光照射示意也可在车库内门柱上扎上布条或白纸，以便观察。

（5）在有人指挥的情况下将车倒入车库时，指挥人员应站在既能看到车尾和库门，又能被驾驶人看见的地方。

第五章　城市道路驾驶的应急避险技巧

一、一般道路驾驶

90. 城市道路交通有什么特点？

（1）道路交通设施好，人的交通安全意识强。城市道路路面较为平坦，道路交通标识、交通标线、交通信号灯、交通分隔设施等较为齐全，有些路口和路段还设置有电子监控设施，全天候监控道路交通情况以及交通违法行为，交通参与者一般都有一定的交通安全意识。

（2）全方位立体交通，交通控制到处可见。城市道路建设正在向空中和地下发展，高架路、立交桥、地下通道。市区道路有普通车道、公交车道、BRT快速车道；有单行道、可变导向车道、潮汐车道；还有对汽车掉头、转弯的时间限制和方向限制。因此，在路况不熟悉的区域驾驶汽车，稍不留神，就会迷路，或者出现交通违法行为。

（3）路网复杂，行车中视线盲区多。城市路网密度大，大街小巷纵横交叉，交叉路口较多，道路两侧绿篱、花栏、行道树、建筑物遮挡视线，汽车行驶中视线盲区多，随时可能遇到横向冲突。

（4）繁华路段多，许多路段人车混行。城市有许多行政区、商业区、居民区、游乐区和旅游区，布满了机关、学校、商场、餐馆、医院、公园、车站等。行人和汽车频繁出入这些场所，有匆匆忙忙赶路的，有慢慢悠悠闲逛的。不少街道存在着行人、非机动车、机动车混合通行的状况。

（5）交通流量大，具有明显的高峰期。城市人口密度大，机动车、非机动车、行人多，道路交通流量大，特别是在上、下班时段，道路上会出现明显的高峰期，许多路口、路段交通流量处于饱和状态，机动车和非机动车占满了整个路面，交通拥挤，很容易导致道路交通阻塞。

91. 城市道路如何安全行车？

在城市道路上驾驶一定要精力充沛，思想高度集中，耐心谨慎，沉着机警。应熟悉道路情况，掌握各种路线的行驶要求。在快速路行驶，车速高，要保持合适的行车间距；在其他干路行驶，应随时预防行人、自行车横穿道路，因而汽车的行驶速度不能过高，以免发生交通事故。

要随时随地控制好车速，做好制动或停车的准备，以防出现突然情况，而发生意外事故。

（1）各行其道。

1）在城市道路上，车辆应按"各行其道"的原则行驶，不可争道、不可越道抢行，如图5-1所示。在没有设分道线的街道上，机动车与非机动车混合通行，机动车在道路的中间行驶，非机动车在道路两侧靠右行驶。当车行至繁华街道以及街巷、里弄路口时，必须减速行驶，以防车辆行人突然横穿。若遇自行车争道抢行或有汽车竞驶，驾驶者应耐心让路，并适当加大与自行车或汽车的横向间距，以免发生事故。

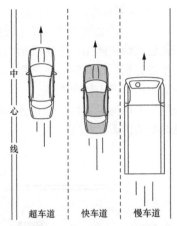

图 5-1　车辆应按"各行其道"的原则行驶

2）城市中有很多道路，特别是主要道路，均是双向隔离，同向有两条机动车车道的道路，以道路中心双实线或者中央隔离带为基准，左侧为快速车道，供快速行驶的汽车通行，右侧为慢速车道，供车速较低的汽车行驶。慢速车道内的汽车，可以利用快速车道实施超车；同向施画有两条或者两条以上机动车道的道路，变更车道的汽车，不得影响相邻机动车道内的汽车正常行驶。双向四车道及以上的道路如图5-2所示。在四车道（单边两车道）上行驶时，小型汽车应选择左侧靠中间隔离带的车道行驶，大型汽车应选择右侧靠非机动车道行驶；在有六车道以上（单边三车道以上）的道路上行驶时，应尽量选择中间车道行驶，因中间车道离隔离带和非机动车道都较远，到

图 5-2　双向四车道及以上的道路

交叉路口时不受左、右转弯变道的影响。当要超车时，应选择左侧靠隔离带的车道；当车速较慢，对路况不熟时，应选择右侧靠非机动车道一侧的车道行驶。

3）在划有导向车道的路口，必须按行进方向分道行驶，如图 5-3 所示。导向车道是指从路口停车线向外用黄色实线划分出的车道，并在两条黄色实线中间用白色实线画出指引方向的箭头。汽车行经路口遇有导向车道标识、标线时，按所要去的方向，在导向车道标识、标线处开始变更车道，进入导向车道。一旦进入导向车道，就只准按车道内导向箭头所指方向通过路口。禁止进入导向车道内再变更车道，禁止车轮轧越导向车道的黄色标线。

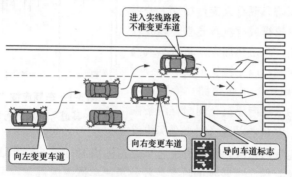

图 5-3 按行进方向分道行驶

（2）汇入车流的方法。

1）驾驶汽车起步后，要随时注意车两侧道路情况，向左缓慢转向，在不影响其他车辆通行的前提下，逐渐驶入正常行驶道路。

2）遇到左侧车辆较多时，让左侧车辆先行，不要向左突然急加速转向汇入车流。从辅路汇入主路车流时，要低速选择汇入时机，不能急加速汇入车流。

（3）控制车速。

1）按照限速规定行驶。有限速标识、限速标线的路段，要遵守标识、标线规定的车速行车。①没有道路中心线的道路，城市道路限速为30km/h，公路限速为40km/h；②同方向只有一条机动车道的道路，城市道路限速为50km/h，公路限速为70km/h。

2）不良通行条件下的时速限制。机动车行驶中遇有下列情形之一的，最高行驶速度不得超过30km/h，其中拖拉机、电瓶车、轮式专用机械车不得超过 15km/h：①进出非机动车道，通过铁路道口、急弯路、窄路、窄桥时；②掉头、转弯、下坡时；③遇雾、雨、雪、沙尘、冰雹，能见度在 50m 以内时；④在冰雪、泥泞的道路上行驶时；⑤牵引发生故障的机动车时。

（4）不提倡超车。在城市行车一般不提倡超车。实在需要超车时，驾驶人应在超车前注意观察，超车时要判断准确，果断，超车前先打开转向灯，再将车驶离车道半个车位，并且要使汽车保持足够动力，必要时采用用减挡的方法提速，在短时间内完成超车。

（5）严格遵守"路权"原则。车辆在城市道路上行驶必须严格遵守"路权"原则，尤其是通过交叉路口时，若有自动信号灯，要严格遵守"红灯停，绿灯行"的规则。由于交叉路口的视线盲区较大，驶过交叉路口的车速不得超过 20km/h。车辆在行近交叉路口时，要提前 50～100m 减速；最好将车速控制在 5～10km/h。通过有快慢车道或多车道的交叉路口时，均要在离路口 50～100m 处变换车道。

1）被放行的直行车辆与转弯车辆相遇时，直行车辆享有先行权；左转弯的机动车与非机动车相遇时，左转弯的机动车享有先行权。

2）在有交通警察指挥的路口，则应以交通警察的指挥手势为准。

3）在交叉路口遇到红灯时，直行或左转弯车辆应停在停车线外，右转弯车辆在不影响被放行车辆正常行驶、并保证路边行人安全的情况下可以右转弯。

4）若车辆在快慢车道不分的道路上行驶，则不能偏左停车，以免妨碍交通。如路口已有车辆停放，应依次停下。

特别提醒

通过无人指挥的交叉路口先行权的规定

(1) 非机动车与机动车相遇时，机动车享有先行权。

(2) 同方向的右转弯机动车和直行非机动车相遇时，直行非机动车享有先行权。

(3) 在快慢车道不分的道路上，转弯机动车和直行机动车相遇时，直行车享有先行权。

(4) 双方都是直行或左转弯的机动车，则右侧先来的车辆享有先行权。

(5) 左转弯机动车和右转弯机动车相遇时，右转弯机动车享有先行权。

(6) 先进入交叉路口的车辆比尚未进入交叉路口的车辆享有先行权。

92. 城市道路行车如何五防?

城市道路行车要做到五防:停车防违章、会车防车后、超车防前车、让车防两侧和跟车防紧急制动。

(1)停车防违章。在行车的过程中,避免在繁华路段和禁止停车的区域路段停车,要选择适合的停车地点,保证安全,防止堵塞交通,或被其他车辆擦碰。

(2)会车防车后。繁华路段、交叉路口、人行横道会车,要防止对方车后的行人、自行车突然横穿公路。

(3)超车防前车。在繁华路段超车,要防止前车因处理情况,躲避行人、障碍,突然向左急打方向,紧急停车,或者是其车前的行人或自行车突然横穿公路。

(4)让车防两侧。和路边的行人车辆要保持一定的横向安全距离,要给自己留下让车的安全空间,防止因让车擦剐车辆、行人、自行车等。

(5)跟车防紧急制动。在繁华道路行车时精力要集中,要密切注视前方的情况,和前车保持适当的距离,防止前车遇有停止信号、处理紧急情况,采取紧急制动,防止因跟车太近而撞车追尾。

93. 潮汐车道和可变车道如何安全行车?

潮汐车道和可变车道都是在高峰时段车流集中使用的车道,如图5-4所示,一般设置在大城市,交通流量比较大的路口,也是为了能灵活改变车辆行驶方向,减轻道路拥堵压力。车道路面无地面标识标线或箭头图标,都是空白的。

图5-4　潮汐车道和可变车道

　　潮汐车道一般是改变汽车南北改北南或东西改西东行驶方向的，它是由两条平行的黄色虚线构成的，潮汐车道线与车道标识如图 5-5 所示。可变导向车道只是改变汽车直行或转弯（右转或左转）行驶方向的。可变车道不同于普通的车道指示线，它是一种类似锯齿的线条来划分的，非常的特殊。在车道内侧划了多条斜线，有点像趴下的"非"字，如图 5-6 所示。

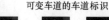
可变车道的车道标识

直行车道　　左转车道　　禁止通行

可变车道线

图 5-5　潮汐车道线与车道标识　　图 5-6　可变车道线与车道标识

　　（1）有些道路的交通流量变化具有潮汐现象，可变导向车道的方向是随时间变化的。潮汐车道一般都会有时间规定，比如早上 7 点～9 点上班高峰期，晚上 6 点～8 点下班高峰期。如果不在时间段内，就不能驶入潮汐车道。在进入可变导向车道之前，要注意观察告示牌、可变指示标志、交通信号灯。可变导向车道的地面上没有施划箭头，该车道的方向是由道路上方的导向车道标识规定的。与可变导向车道对应的导向车道标识的箭头可以变换图案。因此，车辆驾驶人要根据道路上方的导向车道标识显示情况，来确定是否驶入可变导向车道。车道信号灯如图 5-7 所示。

允许通行　　禁止通行
图 5-7　车道信号灯

　　（2）当车辆驶入可变导向车道之后，还要注意观察前方路口的交通信号灯，如图 5-8 所示。只有在与可变导向车道对应的信号灯为绿灯时，可变导向车道内的车辆才能通过路口。

　　（3）在潮汐车道行驶。

　　1）车辆在施划有潮汐车道的路段行驶，驾驶人要注意观察交通告示

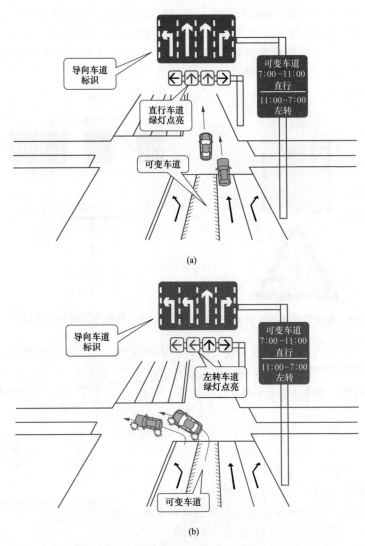

图 5-8 注意观察前方路口的交通信号灯

(a) 直行车道绿灯点亮；(b) 左转弯车道绿灯点亮

牌的提示，如图 5-9 所示，以便了解在不同时段潮汐车道的行驶方向。只要按照车道上面指示的道路通行标识来行走，就不会出错，如果路上没有提示标识，那么就要注意观察两侧或者道路入口的指示牌，上面会清楚地写明行走的方式以及时间节点。

2）当潮汐车道上方的车道指示标识为白色箭头符号时，车辆可以进入潮汐车道行驶；当潮汐车道上方的车道指示标识为红色叉形符号时，禁止车辆在潮汐车道内行驶，即使潮汐车道是空闲的，也不准利用潮汐车道超车，如图5-10所示。

图5-9　注意交通告示牌的提示　　　　图5-10　车道指示标识为
　　　　　　　　　　　　　　　　　　　　　　　红色叉形符号时

3）当车辆到达交叉路口时，要注意观察交通信号灯，只有在信号灯为绿灯时，直行车辆才能通过交叉路口。

4）与潮汐车道贯通的交叉路口，可能会有一些特殊的通行规定，如图5-11所示。为了便于潮汐车道的设置，将转弯和掉头的车道施划在道路的外侧，在这样的路口，需要左转弯或掉头的车辆，要事先进入右侧的车道，只有在交通信号灯为红灯时，左转车和掉头车才能进入路口通行。

图5-11　特殊的通行规定

━━━━━━━━━━━ 特别提醒 ━━━━━━━━━━━

(1) 对于可变更车道的路口一定要看清楚，车道指示标识牌明显，有时在道路上方，有时在道路两旁，切记根据行驶方向变更车道。

(2) 分清潮汐车道行驶方向的时间端，潮汐车道能最大限度利用车道资源，车流高峰期。

(3) 在不确定的情况下尽量避免驶入潮汐车道，一旦误入后请按规定方向行驶，不能掉头、变更车道、超速等。

94. 夜间城市道路如何行车?

夜间行车，无非是降低车速、保持安全距离、提高注意力、禁止疲劳驾驶，如果能够做到这些，其实夜间驾车也没有什么危险。不过，有些驾驶人忽略了这些问题，把夜间行车变成了危险驾驶。

（1）注意横过马路的行人。夜间在城市里行车，要注意从左侧横过马路的行人。特别是我国城市道路上的路灯几乎都在道路两侧，道路中心线附近光线很暗，此情况下更应注意。

（2）控制车速。夜间在城市里行车，严格控制车速是确保安全的根本措施。保持中速行驶，注意增加跟车距离，准备随时停车，以防前后汽车相碰事故的发生。夜间行车视线不良、路界不清，常会使汽车偏离正常运行轨迹或遇到意外情况，故驾驶人应降低行车速度，以增加观察、决策和做出反应的时间。

（3）注意路障。夜间在城市里行车，要注意道路障碍、道路施工指示信号灯等，在阴暗地段，路况不容易辨清时，必须减速。遇到险要地段，应停车查看，弄清情况后再行驶。

（4）注意车况。汽车在夜间行驶途中，要适时观察仪表的工作情况。注意发动机和底盘有无异响或异常气味等。

（5）在有路灯的道路行驶。夜间在照明条件良好的市区或路段行车，应使用近光灯，以安全的速度行驶，同时借助路灯，尽量把视野扩大到前照灯光以外的区域。驶经繁华街道时，由于霓虹灯以及其他灯光的照射对驾驶人的视线有影响，这时也须低速行驶。如遇雨、雪和雾等恶劣的天气时，须低速小心行驶。

━━━━━━━━━━━ 特别提醒 ━━━━━━━━━━━

加装汽车夜视仪

现在一般高端汽车都装有夜视，其可以清晰地观察到 5～200m，甚至是 500m 处的路面情况。如果条件允许，为了安全起见，若经常开夜车，可以加装汽车夜视仪，这样在夜间就可通过车内的液晶显示器，清楚地看到前大灯照射不到的区域，早早发现黑暗中的潜在危险，防患于未然。

二、　通过人行横道时的驾驶

95. 通过有行人信号灯的人行横道时，如何安全行车？

驾驶车辆接近人行横道线时，应提前减速，并注意观察交通信号。注意观察人行横道左右两侧是否有行人通行，随时准备停车礼让行人。

（1）人行横道绿灯亮时，车辆必须停在停车线外，被放行的行人在人行横道上享有先行权，应该让行人优先通过。

（2）如果行人在人行横道线或机动车道快跑、慢行、止步站立、徘徊或推拉东西时，机动车驾驶人要耐心等待，特别是老人、盲人等，不得用鸣喇叭催促，应该及时停车让行，切不可冒险抢行或绕行，以免发生意外，如图 5-12 所示。

96. 通过没有行人信号灯的人行横道时，如何安全行车？

驾驶机动车在没有交通信号灯和交通标识、标线的道路遇行人横过道路时，要及时减速或停车避让，应在确保行人安全的前提下通过。图 5-13 所示为做好避让和停车准备。

图 5-12　要耐心等待，切不　　　　图 5-13　做好避让和停车准备
　　　可冒险抢行或绕行

97. 夜间通过人行横道时，如何安全行车？

夜间通过人行横道时，应当减速、要改用近光灯，按喇叭通过，如图 5-14 所示。遇对面来车没有关闭远光时，应及时减速，预防在两车灯光的交织下产生视觉盲区，看不见行人正在通过。

图 5-14　夜间通过人行横道

―――――――――（ 特别提醒 ）―――――――――

注意事项

(1) 在驾车通过人行横道前，不能只注意已在人行横道中的行人，还要留意即将进入人行横道的其他行人。

(2) 右转弯通行时，更要注意礼让通过人行横道的行人。

(3) 如果看到人行横道前有停止的车辆时，一定要停车，不要盲目通过，前车可能是停车避让行人，如图 5-15 所示。不要在人行横道及附近直行超车和变向超车，尤其要提防有些行为缓慢的人可能还滞留在人行横道上。

图 5-15　前车可能正在停车避让行人

三、 通过交叉路口时的驾驶

98. 通过有信号灯交叉路口时，如何安全行车？

有信号灯控制的交叉路口，通常是汽车、行人过往比较频繁的交叉路口，或者是交通流量比较大的交叉路口。尽管有交通信号灯控制汽车交替通过交叉路口，但是，由于交叉路口内交通情况复杂，汽车、行人通行方向多变，因此仍会成为交通事故的多发地点。有信号灯交叉路口安全行车的方法如下。

（1）通过交叉路口时要仔细观察。通过交叉路口前应注意观察交通情况，尤其要警惕行人横穿路口，随时准备采取措施，预防突然出现的意外事件。

（2）通过交叉路口时要注意信号。通过交叉路口要严格遵守信号灯、标识、标线及交警的指挥。遇红灯做到"三不抢行"，即不与左右放行的汽车抢行；不与在路口等信号的绕行机动汽车抢行；不与已接近路口的绕行非机动车抢行。遇绿灯时也要做到"三不抢行"，即初变绿灯时，不与左右已进入路口的放行汽车抢行；左转弯汽车不与直行汽车抢行；直行汽车不与对方已进入路口的左转弯汽车抢行。

（3）提前减速、变道、开转向灯。在通过有信号灯控制的交叉路口之前，应该在距离路口 30～100m 的处放松加速踏板，让汽车平稳地减速，以便处理路口有可能出现的突发情况。提前减速如图 5-16 所示。

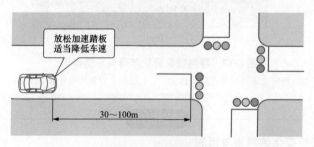

图 5-16　提前减速

汽车行驶在同方向有 2 条以上机动车道的道路，驾驶人要注意观察地面上施划的导向箭头标记、道路上方悬挂的导向车道标识，如图 5-17 所示，根据通过路口的方向不同，提前将汽车驶入相应车道。

（4）通过交叉路口时遇到阻塞时要停车等候。汽车在通过交叉路口遇到交通阻塞时，应当依次停在路口等候，即使绿灯亮，但前车未驶入路口，也禁止驶入路口内。汽车在遇有前方机动车排队等候或缓慢行驶时，应依次排队，禁止从前方汽车两侧穿插夹塞或超越行驶，禁止在人行横道、网状线区域内停车等候。遇到车道减少的路口、路段，若前方机动车停车排队等候或缓慢行驶，则应遵循每条车道一辆车依次交替驶入车道减少后的路口、路段的原则，禁止紧跟前车与邻近车道汽车抢行。

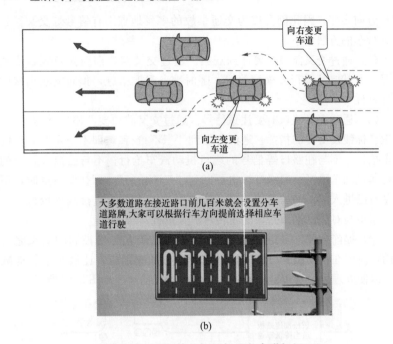

图 5-17　导向箭头标记与导向车道标识

（a）地面上施划的导向箭头标记；（b）道路上方悬挂的导向车道标识

特别提醒

信号灯变化的判断与预测

（1）信号变化的判断。 一般在距离路口 50m 处，驾驶人应稍抬加速踏板控制车速，并注意信号灯是否变化，做好随时停车的准备，避免行至路口紧急制动或冒失通过闯黄灯或红灯。

（2） 要准确预测信号灯的变化，从远处看到信号灯时，应判断信号周期。

1）绿色信号灯。不一定能通过，对变成黄色信号灯的时间进行判断，随时都要准备减速、停车。若信号灯由红灯刚变为绿灯，说明有较充足的准许通行时间，可以随车流速度通过路口。

2）黄色信号灯。根据到达交叉道口的距离、速度，判断是前行还是停车。

3）红色信号灯。停车。从远处看已经是红灯时，预测变成绿灯的时间，从而把握行驶车速。

（3）若在远处看见信号灯为红灯，可根据跟车距离及与路口的距离，放松加速踏板或适当制动减速，但不要过早停车，这样可以减少通过路口的时间。

99. 通过无信号灯控制交叉路口时，应注意哪些事项？

交叉路口历来是交通事故的多发地点，尤其是无交警值守，无信号灯控制，无交通标识、标线的路口，更容易引发交通事故。

（1）进入交叉路口左转弯方法如图 5-18 所示。

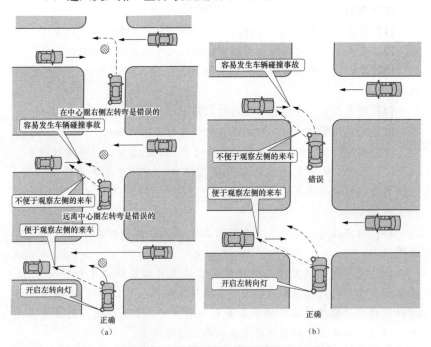

图 5-18　进入交叉路口左转弯方法
（a）沿中心圈左侧低速向左转弯；（b）向左转大弯

（2）在没有信号灯的路口，转弯机动车应让直行的汽车、行人先行。相对方向行驶的右转弯机动车应让左转弯汽车先行。而且还要重点记住，行人也在被让行之列。

（3）有些路口没有红绿灯，但有交通标识、标线，交通法做了明确规定，机动车行经这样的交叉路口时，应让优先通行的一方先行，所谓优先通行，那只有一个衡量标准，就是应该优先让行的一方，在通过路口时，应确保不与应该被让行的另一方发生交通事故。

（4）没有交通标识、标线的路口，不管任何一方，在接近路口需要通过时，按交通法要求，都要停车观望，如自己的右侧有车要通过路口，要优先让行。优先通过路口的一方，也同样有优先让自己右方来车先通过的法定义务，以此类推，不管通过路口的哪一方，都要优先让自己右方的来车先行。

特别提醒

注意事项

（1）禁止在划有导向车道的路口不按所需行进方向驶入导向车道。

（2）禁止左转弯时与对向左边直行的机动车和非机动车抢道。

（3）禁止在有指示箭头信号灯的地方，在所需转向箭头灯未亮时实施转弯。

（4）禁止在转弯时不开启转向灯，夜间行驶时不开启近光灯。

（5）观察信号灯信号，禁止遇放行信号时不依次通过。

（6）遇停止信号时，应依次停在停车线以外，禁止越过停车线停车。

（7）在绿灯亮时允许右转弯的交叉路口，右转弯汽车是借道行驶，右侧直行的非机动车或行人主动让行，禁止鸣喇叭或与非机动车和行人争道行驶。

（8）向右转弯遇有同车道前车正在等候放行信号时，禁止不依次停车等候。

（9）个别地段规定绿灯亮时禁止右转弯（让非机动车和行人直行）而在红灯亮时允许机动车右转弯（非机动车和行人禁止通行），因此汽车右转弯时要注意观察路边标牌是否有些类规定，若有规定，则应按当地规定行驶，禁止不了解具体规定就转向，以免违章。

100. 通过无信号灯的路口时，如何安全行车？

驾驶汽车行经无交通信号灯控制的路口时，要适当降低车速，注意观察路口内的汽车及行人动态。

（1）遵守交通标识及标线的规定。在没有交通信号灯且各个方向交通流量悬殊的路口，通常采用减速让行或者停车让行的方法来分配通行权，汽车驾驶人要根据交通标识、交通标线的规定通过这样的路口。

1）左右方向行经路口的汽车具有优先通行权，上下方向行经路口的汽车要降低车速，让水平方向的汽车优先通行，不得与水平方向过往的汽车抢行。

2）在环形路口入口处设置了减速让行标识，表示准备进入环形路口的汽车，要注意观察环形路口内的交通情况，在确保已经在环形路口内行驶的汽车通行的前提下，才能进入环形路口。图 5-19 所示为让已在路口内的车辆先行。

3）水平方向为交通流量较大的单行路，上下方向的汽车行经交叉路口时，必须停车瞭望，在不妨碍主流方向汽车

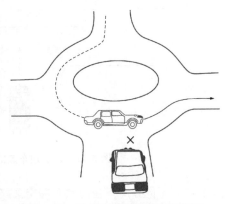

图 5-19　让已在路口内的车辆先行

通行的前提下，才能进入前方的交叉路口。需要在路口内转弯的汽车，还要注意禁止向右转弯标识或者禁止向左转弯标识的规定。

特别提醒

在设置有减速让行交通标识及停车让行交通标识的路口，主流方向的汽车车速比较高，让行方向的汽车一定要按照让行交通标识的规定，确实观察路口内交通流的情况，确认安全之后，才能进入交叉路口。提示让行交通标识如图 5-20 所示。

图 5-20　提示让行交通标识

（2）转弯路线要正确。汽车在交叉路口右转弯的时候，要注意左侧是否有来车，在确保安全的前提下，沿着道路的右侧转小弯。

1）让右边的来车先行。在没有交通信号灯、交通标识、交通标线控制的交叉路口，不同方向行驶的汽车在交叉路口相遇时，右边的来车有利于观察路面情况，所以，要让右边的来车优先通过，如图 5-21 所示。

2）转弯让直行车。在没有交通信号灯、交通标识、交通标线控制的

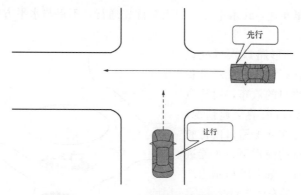

图 5-21　让右边车道的来车先行

交叉路口，不同方向行驶的汽车在交叉路口相遇时，右转弯或者左转弯的汽车，对路口的通行效率影响比较大，直行的汽车对路口的通行效率影响比较小。因此，右转弯或者左转弯的汽车要让直行通过交叉路口的汽车优先通行，如图 5-22 所示。此项规则也适用由红、黄、绿三色信号灯控制的交叉路口。

3）右转弯车让左转车。在没有交通信号灯控制的交叉路口，相对方向行驶的右转弯的机动车让左转弯的机动车、非机动车优先通行，如图 5-23 所示。此项规则也适用由红、黄、绿三色信号灯控制的交叉路口。汽车左转的时候，驾驶人观察路面左侧的视野较为开阔；汽车右转弯的时候，驾驶人右侧往往存在较大的视线盲区。让左转弯的汽车优先通行，有利于减少路口内的冲突点，有利于缩短汽车在路口内的滞留时间。另外，右转弯汽车的右侧还会出现直行的非机动车和行人，观察右侧的交通动态较为困难，需要降低车速，缓慢通行，以免发生交通事故。

4）依次交替通行机动车行至车道减少的路口或者路段，如果遇到前方有机动车停车排队或者缓慢行驶的情况，既不可抢行，也不必谦让，应当按照通行规则的要求，每车道一辆依次交替驶入车道减少的路口、路段。

四、 通过公交站点、 学校与居民区时的驾驶

101. 通过公共汽车站时，如何安全行车？

城市公共汽车由于受路面宽度的限制，有些公交车的站点没有施划港湾式停靠站区域，公交车停靠站需要占用非机动车道。在公交车停靠

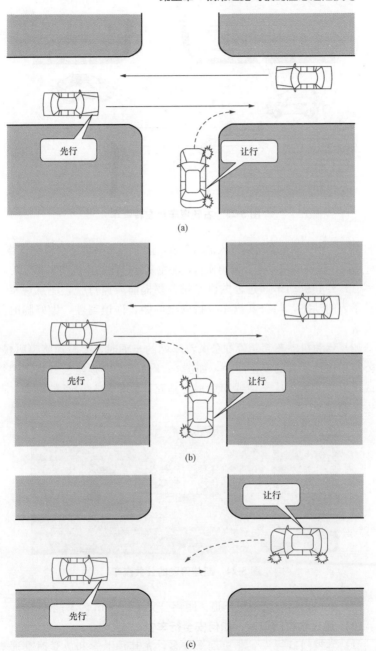

图 5-22　转弯车让直行车

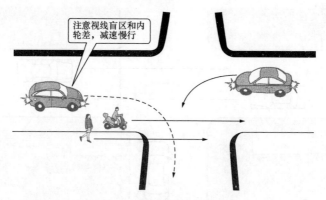

图 5-23　右转弯车让左转弯车

站的路段，非机动车会绕道进入机动车道，上下车的乘客还会横穿道路。在这种路段，过往的机动车要谨慎慢行，注意避让过往的非机动车和行人。

（1）驾驶机动车通过公共汽车站，要提前减速行驶，注意观察车站内候车人的动态，与公共汽车保持安全间距，谨慎驾驶，做好随时停车的准备。

（2）驾驶机动车超越停在公共汽车站的车辆时，要减速鸣喇叭慢行，与公交车保持较大的安全间距，如图 5-24 所示。要预防公共汽车突然起步或上下车的乘客从车前或车后横穿道路，做好随时停车的准备，避免发生交通事故。

图 5-24　超越停驶的公共汽车

（3）不得占用公交专用车道，距离公交车站 30m 内不能停车。

102. 通过学校门口时，如何安全行车？

（1）学校门口行人、非机动车较多，尤其是上学和放学时交通更为拥挤，应缓慢行驶通过，前方有学校的交通标识如图 5-25 所示。

图 5-25　前方有学校的交通标识

（2）行经学校门口，应提前减速慢行，如图 5-26 所示。不要鸣喇叭，注意观察学生动态，主动让行过往学生，尤其在上学或放学时段，应随时准备避让横过道路的学生和儿童。遇有学生列队横过街道，应主动礼让，确保学生能安全有序通过，确保安全。遇到学生嬉戏、奔跑、打闹时，要迅速减速，适当鸣喇叭，待其动向稳定后再正常行驶。

图 5-26　行经学校门口提前减速慢行

特别提醒

驾驶车辆行至学校附近或有注意儿童标识的路段时，一定要及时减速，注意观察道路两侧及周围的情况，时刻提防学生横过道路。

103. 通过狭窄街道及小区时，如何安全行车？

驾驶机动车在居民居住区、单位院内，要低速行驶，注意避让行人；有限速标识时，按照限速标识行驶，如图 5-27 所示。

（1）在狭窄街道行车时，应勤鸣喇叭，严格控制车速，随时准备采取应急措施。

（2）通过狭窄街道时，应正确判断和估计街道宽度，既要注意前后

图 5-27 低速行驶，注意避让行人

的交通动态，又要顾忌车轮的位置，切忌猛转猛回方向盘，以免因内轮差而造成刮碰事故。

（3）谨慎驾驶，进入摆摊的街区，应集中精力，低速行驶，正确判断行人及车辆的动态。遇影响通过的摊位，要下车帮助挪动，以便通过。

（4）进入胡同、小巷时，应降低车速，勤鸣喇叭，尽量在道路中间低速行驶，注意观察胡同、小巷内车辆和行人的动态，随时做好采取应急措施或停车的准备，以防从一侧胡同、小巷有车辆和行人穿越。

（5）在人员稀少的街道行驶时，不能麻痹大意，更不能开快车；在人多车多道路行驶时，不要急躁，要控制车速，随时做好制动和停车准备。

（6）夜间在狭窄街道行驶时，应使用近光灯，发现可疑情况应立即停车，待判明情况后，再继续行驶。

104. 进出非机动车道时，如何安全行车？

机动车在路边临时停车，需要由机动车道驶入非机动车道。在驶离停车地点时，需要由非机动车道驶入机动车道。

（1）在驶入、驶出非机动车道时，机动车属于借道通行。借道通行的机动车，要履行安全义务，为了确保非机动车的行驶安全，机动车要让非机动车道内行驶的非机动车优先通行，不要与非机动车抢行。

（2）如果机动车的靠边停车占用了非机动车道，阻碍了非机动车的正常通行，在非机动车被迫进入机动车道的路段，后边驶来的机动车应当减速慢行，以确保非机动车的通行安全。

（3）在临街大院门前的路段，属于人行道和非机动车道的延伸部分，进、出大院的机动车要横穿非机动车道、人行道，此时，要注意避让过往的非机动车和行人。随着私家车的增多，单位院内、居民居住区内，汽车与行人、骑车人相遇的情况越来越多，而且往往是人车混行。驾驶汽车在这些区域行驶，一定要有安全防事故的意识，有限速标识的，不能超过限速标识规定限速，即便是没有设置限速标识，也必须低速行驶。

五、　在立交桥与高架桥上的驾驶

105. 立交桥有哪些类型，如何通行？

立交桥是指在城市重要交通交汇点建立的上下分层、多方向行驶、互不相扰的现代化陆地桥。城市环线和高速公路网的联结也必须通过大型互通式立交进行分流和引导，保证交通的畅通。

（1）立交桥的类型。立交桥的类型可分为分离式、互通式和环形式等，如图 5-28 所示。分离式只保证上下层线路的车辆各自独立通行；互通式能使上下层线路的车辆相互通行，在平面和立面上修建复杂的迂回匝道相互通行。

环形立交是由环形平面交叉发展而来，是用一个公用的环道来实现各方向车辆左转的立体交叉，分两层式和三层式两种。

（2）通行方法。不同的立交桥左转、右转、直行和掉头走法都不相同，同一条环线光一个左转弯就能有三四种走法。

1）直行车辆可在桥上或桥下主干道上照直行驶。

2）右转弯车应开右转向灯，在行驶方向的第一个路口向右转，进入右转弯车道。靠右侧行驶。

3）左转弯车辆须驶过立交桥后方可转弯，转弯时不能直接左转弯，而应开右转向灯向右转弯行进，然后再右转弯，便进入了主干道。

4）掉头车辆按左转弯的方法接连两次便可实现。

特别提醒

互通式立交桥的通行方法

互通式立交桥根据交叉处车流轨迹线的交叉方式和几何形状的不同，又可分为部分互通式、完全互通式和环形立交 3 种类型。

（1）首蓿叶型立交桥通行方法。首蓿叶形立交桥上车辆通行时，直行车辆均按原方向行驶，右转弯车辆须通过右侧匝道行驶，车辆左转弯或掉头时，必须直行驶过路桥后，再以右转弯行驶的方法，通过匝道进入桥上或桥下来完成。

（2）环型立交桥通行方法。通过环型立交桥时，除下层路线的直行车辆可以按照原方向行驶以外，其他车辆都必须开上环道，绕行选择去向。

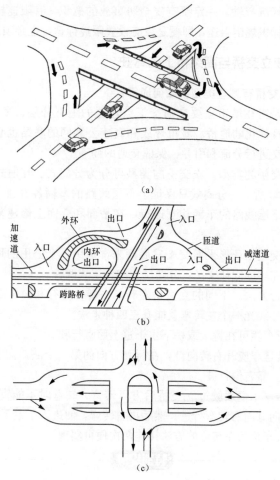

图 5-28　立交桥的类型

(a) 分离式；(b) 互通式；(c) 环形式

106. 通过立交桥时，如何安全行车?

(1) 在汽车进入立交桥之前，注意观察并识别立交桥上的交通标识。交通标识分为立交桥指路标识和立交桥指示标识两种，分别如图 5-29 和图 5-30 所示。驾驶人必须在远离立交桥时就留意观察道路前方的标识。指路标识是一种整体式指示标识，注有方向地点说明。驾驶人从中可对立交桥的类型及通行方法有一个全面的了解。在未看清标识内容时，应停车了解，决不可盲目通过。

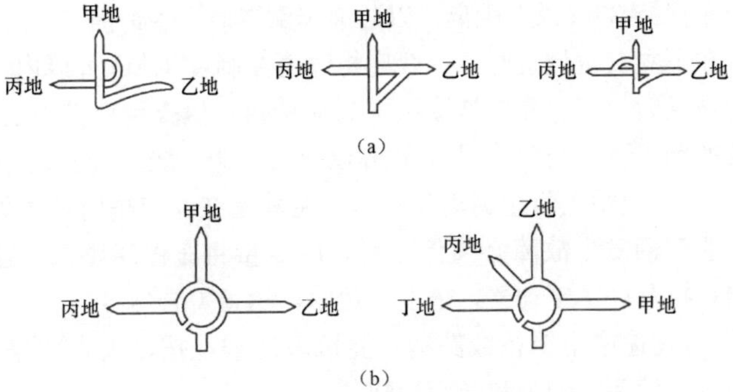

甲地

丙地 ⌐ 乙地

甲地

丙地 乙地

甲地

丙地 乙地

（a）

甲地

丙地 乙地

乙地

丙地

丁地 甲地

（b）

图 5-29　常见立交桥指路标识

（a）互通式立交桥指示的通行方式；（b）环形立交桥指示的通行方式

图 5-30　常见立交桥指示标识

（2）通过立交桥时，必须按照道路规定的行驶速度或限速标识的规定行驶，确保行车安全。

（3）进入立交桥匝道前要降低车速，开右转向灯进入右转弯的车道行驶，避免影响其他汽车的正常行驶。

（4）车辆直行时，从立交桥上或桥下按直接行驶的方向行驶，直行汽车应主动为转弯汽车让出所需车道。

（5）车辆右转时，应先打开右转向灯，然后按照交通标识和标线的指示减速行驶。

（6）在互通式立交桥上左转弯的汽车，必须继续直行通过跨线桥，不能逆行直接左转。驶过跨线桥后，打开右转向灯，按照交通标识和标线的指示减速行驶，一次右转再一次右转或一次右转再一次左转后，便实现了左转弯的目的。

（7）在双向通行的道路上行驶时，不能跨压中心线，应抬起加速踏板，做好制动准备，适时地控制车速。

（8）爬越较长的立交桥坡道时，为了保持足够的动力，迅速而稳妥地上坡，必须注意观察坡道的交通情况。若条件允许，可提前在 100m 左右处采用高速挡加速上坡，或提前换进低一挡位并加速上坡。上坡时应设法与前车保持 30m 以上距离，以防前车倒退时发生冲撞。

（9）在下立交桥坡道时，一般应将时速控制在 30km/h 以内；若下较陡而长的坡道时，则应先在坡顶试踩制动踏板，检查制动作用是否良好，确认正常的前提下，与前车保持 50m 以上的间距，缓缓行驶。

（10）在立交桥上禁止倒车和停车，尤其是在立交桥的坡道处，严禁停车。如遇车辆发生故障必须停车时，应尽量将车停靠路边，挂上低速挡或倒挡，拉紧驻车制动器，垫上三角木，示意警告信号。

（11）行驶途中走错桥或路线，要沉着冷静，按已驶入的路线行驶，切不可逆行、掉头、倒车和转弯行驶。

107. 在立交桥上驾驶如何避险？

（1）汽车行经立交桥时必须自觉遵守交通法规，不抢行，注意礼让，确保路口汽车的有序通行。

（2）立交桥有较大的坡度和弯度，使视线受阻，驾驶人应注意控制车速，尤其是在下立交桥时，应将速度控制在 30km/h 以内。

（3）在上跨式立交桥上行驶时，要控制爬坡速度，同前车保持足够的安全距离。当汽车接近坡顶时，应降低车速，注意观察对面来车情况。

（4）行经下跨式立交桥时，应根据道路的交通情况控制车速，尾随前车的安全距离要比上坡时长。

（5）在下跨式立交桥上行驶时，应认真观察限制高度标识，尤其是运载超高物品时应注意净空高度，避免通行受阻。

108. 高架桥如何安全行车？

（1）驶入高架桥时，应沿道路右侧的加速车道行驶，等车速提高到与行驶车流相近时，开启左转向灯，注意观察后视镜，确认安全后向左转动方向盘驶入行驶车道，汇入车流。不准未在加速车道加速而直接驶入行驶车道，如图 5-31 所示。

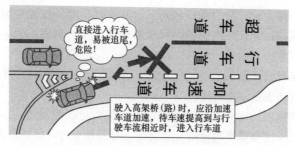

图 5-31 不准直接驶入行车道

（2）驶入行驶车道后，应控制车速，并与前车保持安全距离。

（3）行车时，尽量避免超车。需要超车时，应选择视线良好的直线路段进行。

（4）驶离高架桥前，应注意交通标识提示的内容，并在距出口200m处开启右转向灯，驶入减速车道逐渐降速后，经匝道驶出，如图5-32所示。

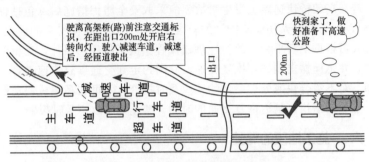

图5-32　经匝道驶出高架桥（路）

（5）通过高架桥时，如果车辆发生故障，应利用惯性将车停在路肩上，在距车尾70～80m的地点放置三角形反光警告牌，并尽快修复车辆或用紧急电话请求援助。

（6）不要在高架桥上随意停车上下人员或装载货物。

（7）不要在紧急停车带和路肩上行驶。

特别提醒

各城市内的内环高架桥（路）都有相似的行驶规定如下：

（1）应当遵守快速路限速标识、标线的规定。通常高架快速路主线最高车速为80km/h，最低车速为50km/h，车道及上、下匝道最高车速为40km/h。当发生自然灾害，遇到恶劣天气以及其他突然事件时，应当按照交通诱导提示的限速通行，确保行车安全。

（2）禁止在高架路上倒车、掉头，除遇障碍或发生故障等必须停车的情况下，不准随意停车及停车上下人员或装卸货物。

（3）禁止在主线以及匝道逆向行驶。

（4）禁止在匝道、加速车道或者减速车道上超车。

（5）禁止骑、轧行车道分界线。

（6）不准进行试车和学习驾驶机动车。

（7）禁止任意变换车道或者一次连续变换两条以上车道。

109. 在高架桥上如何避险?

汽车在高架桥快速路上发生故障或事故,必须停车时,只能将故障车驶入右侧车道,并立即开启危险报警闪光灯。夜间还应同时开启示宽灯与尾灯,并在车后来车方向 100m 以外设置警告标识。应立即拨打电话申请清障车拖曳,不得在高架桥快速路上修车。

若在高架桥快速路上发生事故,应采取安全防护措施后(包括保护现场),对于发生人伤而车能动的轻微交通事故,在确保安全的前提下,驾驶人可根据交警平台事故快速理赔流程拍摄事故现场照片,互留联系方式,并迅速撤出现场,恢复交通,共同约定到交通事故快速处理中心处理。对不符合快速处理条件的,应及时报警。不可在高架桥快速路上因小事故而争执,延迟恢复交通的时间,禁止大事故不及时报警。

六、 施工地段的驾驶

110. 在施工地段如何安全行车?

城市道路的施工路段行车道减少,交通更加拥挤,经常出现交通阻塞。由于种种原因,使得道路施工路段成为交通事故的多发路段。

汽车行经施工路段时,应当注意警示标识,减速行驶。道路施工现场有人员指挥的,应当在施工人员的指挥下慢行通过。施工路段警示标识如图 5-33 所示。

图 5-33　施工路段警示标识

(1)道路交通高峰时间,车流量较大,施工路段可能会大面积占用道路,致使车道变少,造成车辆通行缓慢,赶路心切的驾驶人随意掉头、改道行驶,会造成车流量加大,秩序混乱。因此,高峰时间,驾驶车辆应尽量绕开施工路段,不要随意掉头、插队。

(2)在施工路段行驶时,如果道路限速标识标明的车速与车道行驶车速的规定不一致,应按照道路限速标识标明的车速行驶,以现场限速要求为准。

（3）通过施工路段要谨慎慢行，既要注意观察过往的汽车，又要注意观察路面情况。夜间在施工路段行驶，要特别注意路面上是否堆放有施工材料，路面是否平整，必要时可下车查看。在施工路段行驶，地面的石块有可能被过往汽车的车轮挤压飞起，因此，在乱石路段，不要与其他汽车并排行驶。尾随双胎并装的大车时，两个车胎之间夹持的石块有可能抛向后方，为了防止被这种抛起的飞石击中，不要尾随在这样的大车后边行驶，应该与双胎并装的大车拉开更大的间距。

111. 如何严防剐蹭交通事故？

市区的许多道路同方向划分有多个车道，汽车行驶中时常要根据需要变更车道，如果变更车道操作不慎，就容易发生汽车剐蹭事故。

在交通流量比较大的道路，应避免频繁地变更车道。需要变更车道的时候，应该在变更车道之前，利用后视镜观察汽车侧方的情况，并且开启相应的转向灯。正常情况下，应选择相应的车道行驶，不要长时间骑轧车道分界线。骑线行驶会影响后方汽车通行，如图 5-34 所示。

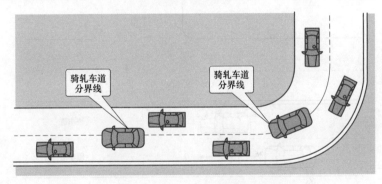

图 5-34 骑线行驶影响后方汽车通行

汽车在市区道路行驶，两车之间的剐蹭事故大多是在变更车道和转弯时发生的，应当引起注意。在临近交叉路口的时候，要根据行进方向提前选择导向车道，如图 5-35 所示。在虚线路段就应该变更到需要的车道，进入导向车道的实线路段之后不允许再变更车道。变更车道的时候，要事先开启转向灯，并且要注意观察相邻车道内有无来车，在确保相邻车道的汽车正常行驶的前提下，才能变更到新的车道。为了减少变更车道对汽车通行秩序的影响，每次只能变更一条车道，不要连续变更两条车道。

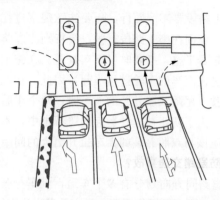

图 5-35　提前选择导向车道

在同方向划设有两条机动车道的道路上行驶，需要左转弯的时候，要提前变更到内侧的快车道，并且要同时开启左转向灯，如图 5-36 所示。不要在外侧的慢车道就突然向左转弯，这样极易发生剐蹭事故，如图 5-37 所示。

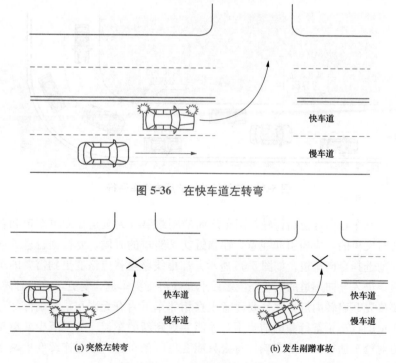

图 5-36　在快车道左转弯

(a) 突然左转弯　　　　　(b) 发生剐蹭事故

图 5-37　不要在慢车道左转弯

如图 5-38 所示，需要右转弯的时候，要提前变更到外侧的慢车道，并且要同时开启右转向灯。不要在内侧的快车道就突然右转弯，以免发生汽车剐蹭事故，如图 5-39 所示。

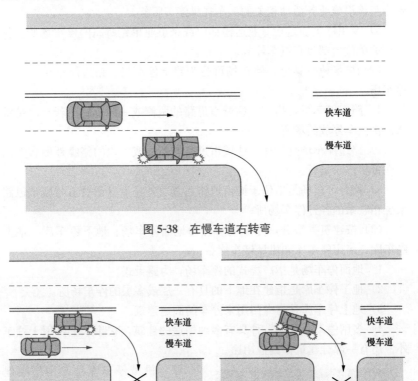

图 5-38　在慢车道右转弯

图 5-39　不要在快车道右转弯
（a）突然右转弯；（b）发生剐蹭事故

112. 如何区分与识别城市中不同的停车场？

不同类型的停车场，其场地位置、服务功能、服务对象、收费标准等都不完全相同。为了便于驾驶人停车，下面对停车场按服务对象、场地位置、建筑类型和管理方式进行分类。

（1）按服务对象分，停车场可分为社会停车场、配建停车场和专用停车场。

1）社会停车场也称为公用停车场，即该停车场不管来自哪方面的汽车均可入内停放。这种停车场大多分布于城市商业区、城市主要干道出入口及过境汽车需求集中的地方。

2）配建停车场通常是指大型公用设施或建筑配套建设的停车场，主要为与该设施业务活动相关的汽车提供停车服务。

3）专用停车场是指专业运输部门或企事业单位所属的停车场所，仅供有关单位内部自有汽车停放。

（2）按场地位置分，停车场可分为路上停车场、路边停车场和路外停车场。

1）路上停车场是指在一些城市道路的两侧或一侧，划出若干段带状路面供汽车停放的场所。

2）路边停车场是指在一些城市道路的两边或一边的路缘外侧布置的一些带状停车场所。

3）路外停车场是指位于城市道路系统之外，由专用通道与城市道路系统相联系的各种停车场所。

（3）按建筑类型分，停车场可分为地面停车场、地下停车库、地上停车库、多用停车库和机械停车库。

1）地面停车场是指广场式的停车场，为露天式。

2）地下停车库是指建在地下的具有一层或多层的停车场所。

3）地上停车库是指专门用来停车的固定建筑。

4）多用停车库是指一种具有多种用途的建筑，它除了主要用于停车外，还有一部分建筑作其他用途。

图 5-40　限时停车场

5）机械停车库是专用停车建筑，且该建筑为多层钢结构，采用电梯通过升降式自动运送停泊汽车。

（4）按管理方式分，停车场可分为免费停车场、限时停车场、限时收费停车场、收费停车场和指定停车场等。

1）免费停车场是指不收费的地面停车场所。

2）限时停车场是指限制汽车停泊时间的停车场所，如图 5-40 所示。

3）限时收费停车场是指在限时的基础上，辅以收费的停车场所。

4）收费停车场是指无论停泊时间长短，均收取停车费的停车场所。

5）指定停车场是指通过标识或地面标示指明专供某种特定性质的汽车停放的停车场所。

113. 在城市中如何安全停车？

汽车在城市道路上不可随意停放。在可以停车的地方，应按停车标识，在允许停车地段停车。如果与其他汽车头尾连接停放，至少应保持2m的车间距离，禁止与其他汽车并列停放。如果因故必须在坡道上停车，则要选择路面较宽和前后视距较远的地点，并保证前轮朝向安全方向，拉紧驻车制动器，上坡时挂一挡，下坡时挂倒挡，用三角木或石块塞住车轮，防止汽车下滑。

在允许停放汽车的慢车道上，有 3 种停放形式：①平行于慢车道停放，车头一律对着行驶方向（以右路边缘为准）并列头尾连接停放；②垂直于慢车道停放，车头一律对着路中心并列依次停放；③偏斜于慢车道停放，头右斜对面路中心，车身与右路边缘成 45°停放。对画有停车线的地点，车应停在标线以内，并服从工作人员的管理。

特别提醒

在城市中，禁止在未标明可停车的道路上停车。若要短时间停车上下客，可选择标有招手停车的地段；若要较长时间停车，应到规定的地点停放。禁止在人行道上停放汽车。

114. 地下停车场如何停车？

城市中，很多大型停车场是设在地下的，均设在大型建筑物的地下层。到地下停车场停车时应注意以下事项。

（1）地下停车场一般均设有入口通道和出口通道，驾驶人驾车出入时要看清指示牌，禁止从出口处进入停车场，也禁止从入口驶出停车场。地下停车场的进、出口均是坡道，如图 5-41 所示，应降速缓行，禁止鸣喇叭。

（2）地下停车场一般都是收费的，停车场的入口处设有值班岗亭，进入时，要注意岗亭内人员是否要递交相关卡片，驾驶人接收到卡片时，应注意阅读卡片上的有关内容。有的卡片上标明了所驾车应停的位置号码，凡注明停车位号码的，应到指定停车号码处停车。禁止不做观察就驾车直接进入地下停车场。

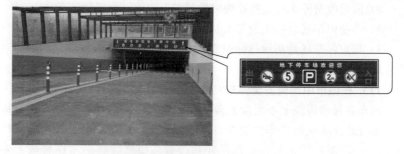

图 5-41 地下停车场的进、出口

（3）地下停车场的路面上一般画有导向箭头，停车位置均用白线画好，在墙上或停车位置地面上标有该停车位的号码，便于驾乘人员寻找。地下停车场设置如图 5-42 所示。驾驶人驾车进出时要根据导向箭头所示方向行车，禁止逆向行驶。

图 5-42 地下停车场设置

（4）在地下停车场停车时，禁止发动机不熄火，禁止停车时开空调，以免污染空气。停车时应将车门锁好，并记住自己所停位置。

115. 如何防止将车停在泊位内还被处罚？

有些驾驶人发现自己已将车停在了正规的泊位，却还被贴了罚单。出现这种情况，通常是违犯了以下 3 种规定。

（1）逆向停车。在道路临时停车泊位内停放的，应当依次按顺行方向停放。因此，未按顺行方向在道路临时停车泊位内停车的就可能被处罚。在这种情况下，驾驶人在停车时，要按泊位内导向箭头停放。

（2）停车不入位。在道路临时停车泊位内停放的，车身不得超出停车泊位。若停车越线、压线、跨线都会被处罚。因此，驾驶人在停车时，要将车正直地停在泊位内。

（3）超时停车。在一些有条件的路段设立了临时停车泊位。这些停车泊位开放和停用有时间限制。若停车超过停车限时，就会被处罚。所以，驾驶人在停车时，要注意看清标识牌上注明的时间和范围，不要超越时间和范围停车。

特别提醒

避免违停被处罚的方法

(1) 现在驾驶人被处罚大多是因违停而引起的。为避免被处罚，最可靠的方法仍是遵法停车，即使有急事需短时停车，也要驶离主干道，找适宜的地方暂停。大多数情况下，交警对违停时间确实很短的，或是能及时离开的，会予以警告并劝离，不予处罚。

(2) 在大商场、长途汽车站、火车站、飞机场的接送客路口，往往只允许汽车停几分钟，超时即处罚。对此，驾驶人可在规定停车时间将到时开车离开，设法转一圈以后再回来接送客。若客人还未到，可再开车转一圈回到接送口。若等待时间超过半小时，应将车停到停车场。

第六章 高速公路驾驶的应急避险技巧

一、上高速公路的准备与通过收费站

116. 如何熟悉高速公路安全服务设施?

高速公路安全服务设施如图 6-1 所示。

图 6-1 高速公路安全服务设施

(1) 高速公路收费站。高速公路收费站建在高速公路进出口前方的道路,内侧路面与高速公路的匝道连接,根据车流量,站点设有数个道口,左侧为驶离道口,右侧为驶入道口,开放道口的上方用绿色灯指示。

(2) 匝道。匝道是一般公路与高速公路或高速公路之间相连的通道,供机动车辆进入相交的道路使用。匝道入口与一般道路连接,在入口处左右分岔,左侧匝道供左转驶向高速公路的车辆通行,右侧车道供右转驶向高速公路的车辆通行,入口匝道的终点与加速车道连通;匝道出口的始端与减速车道相连,匝道出口的终端为上下行车辆出匝道的汇流处。

(3) 加速车道。加速车道是车辆进入匝道或从匝道进入主车道时特意加宽的过渡路面,专供进入高速公路的车辆加速、驶离高速公路的车辆减速之用,入口处的加速车道为加速车道,出口处的加速车道为减速车道。

(4) 中央分隔带。中央分隔带是在高速公路中央用防护栏围起的长条形土质路面,其主要功能是将上下行车辆左右分隔,中间栽种的花草树木可以调节驾驶人的视觉。

（5）主车道。主车道是中央分隔带两侧供上下机动车辆行驶的车道。每侧主车道又根据路面宽窄，用标线划分为单向两车道或更多车道，内侧车道供车速较高的车辆通行，外侧车道供车速较低的车辆通行。

（6）路肩。路肩是位于最右侧车道与路缘之间的那部分路面，专供救护车、消防车和处理事故的警车应急时使用，其他任何机动车除在遇紧急情况可作临时停车外，不得占用。

（7）紧急停车带（应急车道）。高速公路每隔一定距离专门将路面加宽一段地带，专供行驶中的车辆应急避险时停车使用。

（8）防护栏。防护栏是竖在高速公路两侧路边和中央分隔带两侧，用钢板、钢桩材料制作的护栏。路边护栏主要用以预防机动车失误时驶离高速公路；分隔带护栏则主要预防失控车辆驶入对方车道，以减轻损失或减少人员伤亡。

（9）紧急电话。高速公路每隔一定距离会设有一部紧急电话，遇有紧急情况时，可就近拨打或按下报警按键。

（10）生活服务区。高速公路每隔 40～50km 设立一处生活服务区，服务区内有停车场、加油站、修理部、商店、休息室、食堂和厕所等，为驾驶人和乘客提供生活及安全便利。

117. 进入高速公路前如何进行汽车安全检查？

高速公路属于全封闭、全立交的快速通道，进入高速公路行驶的汽车中途不允许停车，不允许拦截过往汽车求援。因此，在进入高速公路之前，必须对车辆进行认真检查，尤其是对灯光、制动、转向及轮胎等重点部位，如发现问题，应及时排除。检查项目如下。

（1）检查各油（液）面高度。检查蓄电池电解液液面高度；检查冷却液液面高度；检查润滑油油面高度；检查刮水器清洗液储液罐液面高度；检查燃油箱存油量等，如发现短缺应及时进行补充，同时检查是否有渗漏现象。

（2）检查各传动带松紧度。用拇指将各传动带用力向下按压，下曲度保持 1～1.5cm 时为正常范围。发现过松时，应注意检查传动带是否老化，如传动带里侧出现横向裂纹时，应进行更换。

（3）对转向装置进行检查。检查转向盘自由行程是否符合标准要求；检查动力转向液液面高度；检查横直拉杆球头关节是否有松旷现象，润滑情况如何；检查前轮定位及前束情况等。

（4）对制动装置进行检查。检查制动液液面高度、制动踏板自由行程、前后制动器摩擦片磨损情况；检查制动距离是否符合要求，有无跑偏现象等。

（5）对灯光设施进行检查。检查灯光是否齐全有效，重点检查转向灯、制动灯、前照灯是否完好。

（6）对各个轮胎进行严格检查。检查各胎气压是否正常和胎面磨损情况；检查轮胎左右两侧是否有起泡和破损情况；检查各轮胎的紧固螺母是否紧固等。

（7）检查附属装置工作是否正常。检查刮水器工作是否良好；检查各后视镜角度调整是否合适；检查安全带能否锁住或有效；检查备胎气压是否充足；检查灭火器工作是否良好等。

（8）检查各随车工具是否齐全。特别是检查千斤顶，故障车警告标志是否携带，不可遗忘。

118. 上高速公路新手陪驾有哪些规定？

根据我国《道路交通安全法》的有关规定，获取驾驶证不足 1 年的"新手"，驾驶机动车上高速公路行驶，应当由持相应或者更高准驾车型驾驶证 3 年以上的驾驶人陪同。其中，驾驶残疾人专用小型自动挡载客汽车的，可以由持有小型自动挡载客汽车以上准驾车型驾驶证的驾驶人陪同，见表 6-1。

表 6-1　　　　　"新手"陪驾驾驶人准驾车型

实习驾驶人准驾车型	陪同驾驶人准驾车型
A1	A1
A2	A2
A3	A1、A3
B1	A1、A2、B1
B2	A1、A2、B2
C1	A1、A2、A3、B1、B2、C1
C2	A1、A2、A3、B1、B2、C1、C2
C5	A1、A2、A3、B1、B2、C1、C2、C5

119. 通过高速公路收费站如何安全行车？

（1）一般在收费站前 1km 和 500m 处设有"前方有收费站"的告示，驾驶人见到告示牌或听到导航仪发出"前方有收费站"的语音提示，就应做好通过收费站的准备。

(2) 如图 6-2 所示，进入收费站区域后应降低车速，并观察收费站有几个收费口开放，凡开放的收费口上方亮的是绿灯，未开放的收费口上方亮的是红灯。应选择等待收费汽车较少的收费口驶入收费口通道。

图 6-2 收费站

(3) 一般收费站实行无人发放电子卡的方法。遇到这种收费站时，车速应在缓行状态下，并打开驾驶室左侧车窗玻璃。车靠近发卡柜停下，然后伸手按下发卡柜发卡按钮（有醒目标识），按钮上方出卡口中会吐出收费卡，驾驶人抽出收费卡，闸道前方栏栅会抬起，便通过收费通道。驾驶人收到电子卡后应妥善保管，谨防丢失。

(4) 在出口收费站处，应将进入高速公路的电子卡交给收费员进行刷卡，电子显示屏会公告收费额，驾驶交费并收到收据后，应及时驶离收费站。

(5) 过收费站时，禁止换驾驶人或随意上、下车。因交规规定，高速公路上禁止行人通行，不得随着下车或换座位。收费站也属于高速公路的一部分。

(6) 使用 ETC 快速通道的方法。如今全国各地高速公路收费站都设立了 ETC 快速通道。汽车只要购置了一卡通，进入高速公路收费站时不必停车取卡，驶出高速公路收费站不必停车付费，而是由电子眼拍摄车牌照与计算机联网收费系统连接，在一卡通里结算，快捷方便。

ETC 快速通道的闸口前都标有 ETC 的醒目提示。持有电子标签的车辆可以在 30km/h 的速度内不停车直接通过 ETC 专用收费车道。小型车、客车可以使用，计重收费的货车不能使用。

特别提醒

(1) 禁止在驶近收费通道时突然改变行车路线，将车驶向另一收费通道，这样易造成尾随汽车和其他通道内的汽车行驶混乱。

(2) 禁止高速驶入收费通道，禁止在收费窗口前使用紧急制动停车。

(3) 禁止不减速就进入通过闸道。

(4) 禁止进入高速公路时不经过快速通道而出高速公路时却经过快速通道，或进入高速公路时经过快速通道而出高速公路时却不经过快速通道。

(5) 禁止不及时给卡上充值，而使卡上无款或不够交费，出现无法通过闸口的情况。

(6) 禁止跟前车太近进 ETC 快速通道，防止前车因故无法通过闸口时要倒车让道。

二、 驶入高速公路

120. 通过高速公路匝道口如何安全行车?

车辆通过高速公路收费口后，根据指路标识选择需要的匝道口，注意不要驶错方向，如图 6-3 所示。

图 6-3 注意不要驶错方向

在匝道上行车，不得超速行驶，应遵守限速标识，以免在弯道处发生碰撞或刮蹭事故；在匝道内车速通常不应超过 40km/h，不准超车、停车、倒车、掉头如图 6-4 所示。

───── **特别提醒** ─────

(1) 高速公路临近匝道口 500m 左右的路段内是较危险的区域。这是因为很多人驾车高速临近目的地时一下搞不清楚从哪个出口上高速，往往到了匝道口附近突然减速，甚至停车察看。

(2) 如果汽车驶过头了，只能往前走。如已距离太近或驶过了匝道口，千万不可紧急制动、倒车，以免后面来车在高速行驶中来不及避让，发生追尾事故。

　　(3) 进出匝道走"边道"。由于匝道大多限速 40km/h，为使车辆变速安全过渡，高速公路行车道的旁边都设有一段"边道"，即减速道或加速道。与行车道之间用又短又粗的醒目白色标线隔开。

　　(4) 正常行驶的汽车经过出口匝道时，要尽量与前、后的汽车保持一个安全车距，以给自己突发情况留下足够的空间和时间。

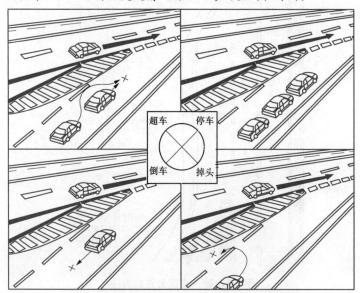

图 6-4　在匝道内不准超车、停车、倒车、掉头

121. 在加速车道如何安全行车？

　　驾驶车辆从匝道进入高速公路加速车道后，应打开左转向灯，尽快将车速提高到 60km/h 以上。并通过后视镜观察左侧相邻车道上车流动态，正确选择驶入行车道的时机。驶入高速公路的方法如图 6-5 所示。

　　汽车在加速车道加速准备驶入行车道前，应密切注视行车道上的车辆和加速车道上的尾随车辆，在安全的条件下，驶入高速公路。同时，驾驶人驾车在行车道上行驶，也应注意从加速车道上准备驶入行车道的汽车。

　　在距加速车道的末端 50m 处开启左转向灯，在确保安全、不影响其他车辆正常行驶的情况下，迅速平稳地并入左侧相邻的行车道行驶。不准在加速车道紧急制动或停车，不准未经提速就进入行车道，如图 6-6 所示。不准跨越加速车道与行车道之间的实线直接进入行车道。

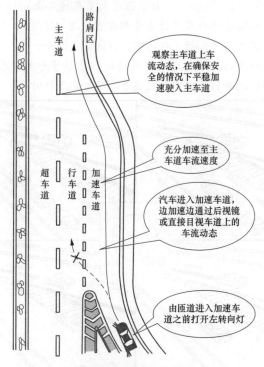

图 6-5　驶入高速公路的方法

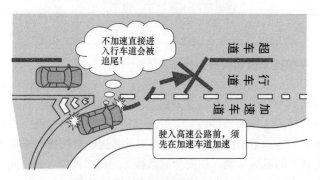

图 6-6　不准未经提速就进入行车道

━━━━━━━━━ 特别提醒 ━━━━━━━━━

（1）进入行车道前，要对后方来车作认真观察，如自驾车距离尚远时，可以在其驶来前进入行车道；如自驾车距离较近，可待其驶过后自驾车再行进入。

(2) 如遇列队行驶的车流时，不得中间插入，应等待其全部驶过后，再行。

(3) 进入行车道后，应将车速逐级提高，依次将车变更进左侧快速车道，不得从最右侧慢车道直接驶入最左侧快车道。

三、 高速公路上驾驶

122. 高速公路上如何各行其道，分道行驶？

在高速公路上汽车行车道的选择，首先要根据所驾驶汽车的类型来确定。另外还要根据汽车当时的行驶速度来确定。车道的划分遵循低速置右的原则，行驶速度低的汽车应该在道路右侧的车道内行驶。

（1）根据汽车类型选择相应的行车道。高速公路对最高时速和最低时速都有严格的限制，且对于不同类型的机动车有所区别。汽车在高速公路上行驶，正常情况下，一般最高车速不得超过 120km/h，最低车速不得低于 60km/h。限速标识如图 6-7 所示。

图 6-7　限速标识

根据汽车类型的限速，小型载客汽车以外的其他机动车（如大货车、大客车）不能进入内侧的行车道行驶，只有小型载客汽车可以进入内侧的行车道内行驶，此时行驶速度不应低于 110km/h。

━━━━━━━━━ **特别提醒** ━━━━━━━━━

(1) 最高、最低车速是指天气及交通状况良好的情况下适用的行驶速度。遇大风、雨、雪、雾天或者路面结冰时，应减速行驶，最高、最低车速规定不适用。在这些情况下，以保证行车安全为主，可以低于规定最低车速行驶。

(2) 高速公路上有限速交通标识或者限速路面标记与最高、最低车速规定不一致时，应当遵守标识或标记的规定。

(3) 在高速公路上行驶时，要注意限速标识，在有限速标识的路段，应及时将车速控制至限制标准。还应根据路面状况和视力能见度情况适时调整车速。如遇雪、雨、雾、大风、沙尘天气时，视距短，能见度差，或冬季路面结冰、有雪等，均需将车速降低到安全车速以下。

(2) 根据实际车速选择相应的车道。高速公路有双向四车道、六车道、八车道3类，我国大部分为四车道的高速公路。进入高速公路后，能够从道路的标牌或道路的标识箭头得知各种类型汽车所应行驶的车道。在高速公路上必须严守分道行驶，不随意穿行越线的原则。高速公路以沿汽车行驶方向左侧算起，第一条车道为超车道，第二、第三和其他车道为行车道。根据道数的不同，对各车道的速度要求也不同。高速公路的车道分布及不同车道的限速如图6-8所示。

图 6-8　不同车道的限速

进入高速公路后，能够从道路的标牌或道路的标识箭头得知各种类型车辆所应行驶的车道。车辆应在高速公路右侧或中间行车道行驶，不能长时间在超车道行驶。

1) 单向只有2条车道时，车速低于100km/h的机动汽车，在右侧车道行驶，但最低车速不得低于60km/h；车速高于100km/h的机动汽车，在左侧车道行驶，但最高车速不得高于120km/h。

2) 有3条车道时，设计时速高于130km/h的小型客车在第二条车道上行驶；大型客车、货运汽车和设计时速低于130km/h的小客车在第三条车道上行驶。最低车速为 110km/h 的机动汽车，在左侧车道行驶；最低车速为 90km/h 的汽车，在中间车道行驶；最低车速为 60km/h 的汽车，在右侧车道行驶。

3）有 4 条以上车道的，设计时速高于 130km/h 的小型客车在第二、第三车道上行驶；大型客车、货运汽车和设计时速低于 130km/h 的小型客车在第三、第四条车道上或者向顺延的车道上行驶。

4）摩托车在最右侧车道上行驶。

特别提醒

高速公路上比较常见的交通安全违法行为：①小轿车超速行驶；②大客车或大货车长时间占用高速车道。

123. 高速公路上如何安全行车？

高速公路上的行车方法如图 6-9 所示。

图 6-9　高速公路上的行车方法

（1）在高速公路上行驶要保持合适的行车间距。高速公路行驶的汽车要保持好行车间距：①汽车的前后距离（纵向间距）；②汽车超车时两车平行行驶瞬间的左右距离（横向间距）。

1）纵向间距。正常情况下，在高速公路上的行车间距应略大于行驶速度值。比如，汽车在高速公路上以 100km/h 的速度行驶时，100m 为安全距离，50m 为危险车间距。为便于检验与前车的行车间距，高速公路上专门设有可供驾驶人确认行车间距的行驶路段，汽车可在此路段检验并调整行车间距，如图 6-10 所示。

图 6-10　可供驾驶人确认行车间距的行驶路段

2）横向间距。正常情况下，在高速公路超车时，当行驶速度为 100km/h 时，横向间距为 1.5m 以上；当行驶速度为 70km 时，横向间距为 1.2m 以上。

（2）变道必须开启转向灯。汽车变道要打转向灯，打转向灯为了告知后车的，确保自己和他人的行车安全。

（3）尽量在中间车道行驶。在中间车道行驶远比在内侧车道行驶安全：在中间车道有足够的左右空间可以躲避险情，而内侧车道则空间有限，还可能会被对向车道飞来的异物击中，甚至与对向失控冲过来的汽车相撞。所以，只要条件允许，一定首选在中间车道行驶。

（4）转向不能猛打猛回。在高速公路上行车与在普通公路上相比，汽车转向盘的操纵方法有很大的区别：①由于车速高，转向盘容易转动，方向的随动性好；②由于车速高，在同样的转向盘转角下，汽车弯道行驶的离心力大，稳定性不好，为此应减小转向盘的转角，不能猛打猛回。否则，强大的离心力会影响汽车行驶的横向稳定性，甚至会导致侧滑、翻车等危险。

（5）高速公路上制动应采用点刹。在高速公路上行驶时车速高，不宜过于频繁使用车轮制动器，特别是紧急制动。为了避免使用紧急制动，要求驾驶人必须高度注意路面状况，做好预见性制动的准备。在高速公路上行驶，如果需要汽车减速，应该松开加速踏板，断续踩下制动踏板，采用点制动（间断踩下、放松制动踏板）的方法减速，制动灯的闪烁也能提醒后车及时减速。若使用紧急制动，很容易出现汽车的跑偏、侧滑，还有可能导致后车的追尾事故。

（6）慎重超车。在高速公路上行驶，绝不可以像在一般道路上那样随意超车。需要超车时要做到立即、果断，并应尽量选择在直线路段进行。在弯道，尤其是右转弯时应避免超车。

1）超车时要注意并行及后续车辆情况。超车前必须确认超车道上的安全距离内（100m以上）没有其他车辆，同时还必须确认同行车道上没有车辆企图超越自车。

2）如果在200m范围内有车，可以连续地超越，否则，反复变更车道更危险。超车时只允许使用相邻的车道。如果超车没有完全把握时，应提高警惕并拉大车距，等待时机超车，避免发生危险。

3）不准从右侧车道超车，不准在匝道、加速车道或减速道上超车。

（7）高速路上尽量远离大型车。大型车容易成为遮挡视线的障碍物，而且其本身盲区大，存在很大的安全隐患。在高速公路上跟随车流时，一般不要尾随在大型汽车之后，若前方是大型汽车，一定要保持足够的车间距离，或者尽早超越。千万不要与它们并排行驶或尾随；如果在后视镜中发现了大货车，应赶紧变道躲开。

（8）雨天时必须减慢车速，开启车灯。雨天在高速公路上行驶，视线则没有晴天视线好，容易出事故，需要放慢车速并注意路面上的积水，因为它容易让高速行驶的汽车发生漂移，导致失控。雨天行车要开启车灯。雨天行车开启车灯，是为了让别车更容易发现，对人对己都能带来安全保障。

（9）尽量避免夜间在高速公路行驶。从安全角度而言，夜晚并不是适合开车的时间，应该尽量避免夜间在高速公路上行驶。不少高速公路并没有路灯，只有沿途设置的反光标识，因此夜间行车的危险系数相当高。夜间行车不仅视野有限、车灯晃眼，而且驾驶人会更容易疲劳，遇上突发情况时很难及时做出正确的反应。如果夜间在高速公路上行驶，应尽量使用远光灯，并注意前车有无尾灯，不要疲劳开车。

（10）及时消除疲劳。如果长时间在高速公路上行驶，驾驶人可以采取一些刺激措施。如食用口香糖、放音乐，将天窗打开一些等。驾驶人感觉疲劳时，应驾车驶向休息区。在高速公路上连续行车，应以 1~1.5h 为安全限度。行车 1h 便应注意休息，继续行车易疲劳。一次连续驾驶时间不要超过 4h，否则极易造成事故。

───────────── 特别提醒 ─────────────

服务区路段，进出变线要从容

进出高速服务区的时候，千万不能麻痹大意，服务区路段也是事故多发路段之一。

汽车要进服务区，驾驶人要提前决定，提前变更车道。变更车道时要提前打转向灯，观察后方来车情况，并给后方来车留足放慢车速的时间，避免与来车发生追尾。确保安全后变更到相邻车道行驶，按相同步骤逐渐将汽车驶入第四车道，切不可紧急踩制动，直接跨越多车道。出服务区时，变更车道也要循序渐进，不能心急。

───────────────────────────────

124. 高速公路上行车发生爆胎时，该如何避险？

汽车在高速公路上长时间高速行驶，轮胎会发热，因此温度升高和内胎气压略为增加均是正常的。但是轮胎产生高热（超过 95℃）高压，会导致轮胎脱层，直至轮胎爆裂。爆胎将会对高速行驶的汽车造成极大的威胁。

汽车在行驶中，一旦发生爆胎，首先会听到一声"嘣"的闷响或爆响，手中转向盘会立即变得跑偏或危险地摇摆，跑偏的方向发生在爆胎的一侧。尤其是前轮爆胎时，这种现象会更加明显。

高速行驶遇到爆胎时，要双手紧握方向盘，全力控制住汽车的行驶方向，并立即打开危险信号警示灯，提示后方汽车注意避让，然后根据车速，采取不同的措施达到减速的目的。待汽车稳定后再缓慢制动并驶离主干道，将车停住。加速踏板不要一下子放松，尽可能保持直线行驶轨迹，即便是要修正方向，动作也一定要温柔，打方向的幅度不能太大。切记不要紧急制动，以免因制动力不均而使汽车甩尾或翻车，导致发生事故。

（1）前轮爆胎。若是前轮爆胎，对汽车的行驶路线有很大影响，除方向跑偏外，还有方向变沉的感觉。发现故障后，应紧握方向盘，抬起加速踏板，降低车速，待稳定后再缓慢制动并驶离主干道。立即开右转向灯，将车驶入右侧路边停车，停稳后在汽车后方 200m 处竖立警示三角牌，防止二次事故。

（2）后轮爆胎。与前轮相比，后轮爆胎不是那么危险。只要握好方向盘就可以，然后间断地踩制动踏板，把汽车的重心前移，使完好的前轮轮胎受力，减轻爆胎后轮所承受的压力。

126. 高速公路上发生意外情况时如何避险？

（1）转向失控的处理。转向机构失控常常突然发生而没有前兆，当发现转向失控时，驾驶人不能慌乱。在空间和时间允许条件下，应先向别的车辆发出信号，如打开紧急闪烁灯、开前照灯、鸣喇叭并打手势等，然后对车辆实施制动。切记，非不得已不能使用紧急制动，因为高速公路上的紧急制动具有同样的危险性。

（2）制动失灵的处理。在高速公路上制动失灵的车辆就有充分时间和空间使速度将下来。正确的停车方法是：发动机熄火，利用车辆的惯性，驶离高速车道；不摘挡，利用发动机制动的形式来使车辆减速，当车速下降到50km/h以下时，在较开阔的路肩上滑行，同时用灯光和手势等提醒后车注意；当车速下降到15km/h时，用驻车制动将车辆停在路肩上。

（3）行车中失火的处理。在高速公路上，发生火灾的事故也占有一定的比例，而车辆失火的原因有：电线短路、燃烧系统起火、吸烟、排气管过热等，当然，严重的撞车、翻车时也会引起火灾。火灾的危害是毁灭性的，每个驾驶人都应具有一定的消防观念，防止行车时火灾的发生。扑救及自救的方法如下（详情见第9章内容）。

1）尽一切可能将车辆停靠在路肩上。

2）先设法使乘客离开车辆，驾驶人再离开。

3）灭火的同时要做好油箱的防爆工作，尽可能早地切断油源。

127. 高速公路拥堵时如何安全行车？

为避免在高速公路上遇到拥堵，出行时应尽量避免在易发生拥堵的时段和路段进入高速公路。如节假日免收过路费的起始和截止时间的6h之内，临近主要景区的路段等。在高速路上遇堵车需停车或缓慢行驶时，汽车可打开危险报警闪光灯提示后方来车。如果只堵停几分钟汽车就可缓慢行驶，车上人员不可下车，更不可走应急车道。如果堵车的时间较长，看周围停车有人下车休息时，汽车可停车熄火，让车上人员下车休息。驾驶人下车时应注意，如有自动上锁功能的车，要将钥匙带在身边，长时间放音乐会影响电量损耗的，应关闭音乐等。

在高速公路上遇交通堵塞时，需警惕燃油耗尽。驾驶人在上高速前应将汽车加满油,在高速公路上,不要等到燃油快耗尽时再加油。如果燃油快耗尽时遇堵车,则应停车熄火来节省燃油,并在遇到第一个出口时驶离高速公路,到高速公路收费站附近的加油站加满油后再进入高速公路。如果堵车时间较长,可以在适当路口下高速道路,选择适当的道路继续行车。

128. 在能见度低时如何安全行车?

在风、沙、雨、雪、雾等低能见度气象情况下,要根据天气的情况、视距的情况,适当降低车速,打开防雾灯和前、后小灯、示宽灯;雾重时,要及时打开车窗及使用刮水器,以改善视线,同时要适时调整车距。

(1) 能见度在 200~500m 时,开启防眩目近光灯、示宽灯和尾灯,时速不得超过 80km/h,保持 150m 以上的行车间距。

(2) 能见度在 100~200m 时,开启防雾灯和防眩目近光灯、示宽灯和尾灯,时速不得超过 60km/h,保持 100m 以上的行车间距。

(3) 能见度在 50~100m 时,开启防雾灯、防眩目近光灯、示宽灯和尾灯,时速不得超过 40km/h,保持 50m 以上的行车间距。

(4) 能见度小于 50m 时,车辆禁止驶入高速公路,已进入高速公路的车辆,按规定开启有关灯光,时速不得超过 20km/h,并从最近的出口尽快驶离高速公路。

(5) 当风力较大,尤其是沙尘天气能见度低时,除注意减速、加大车距、打开有关灯光外,还应注意风向、风速给行车带来的影响。当风向和汽车同向时,由于风力的作用,汽车制动距离会相对增长,制动非安全区增大;当风向和汽车反向时,风力起阻碍作用,会使车速降低,如此时超车,应考虑风力使车减速这个因素;当风侧向作用于车辆时,尤其行驶到隧道出口、山口等处,突然而至的侧风易使方向偏斜,侧向风力可引起离心力增大,容易使车辆侧滑和侧翻。因此,驾驶人必须随时注意风力对车辆行驶的影响,及时采取相应措施,保证安全行驶。

129. 高速公路上如何在应急车道停车?

高速公路最右侧的车道为应急车道,如图 6-11 所示。应急车道是为汽车在高速公路发生机械故障或交通事故需要临时停车,或者当交通堵塞时为执行紧急任务的汽车专门设置的车道,不属于以上情况的汽车不得驶入应急车道。

(1) 机动车在高速公路上发生故障或者交通事故,无法正常行驶的,驾驶人应当立即开启危险报警闪光灯,汽车能够移动的,要迅速将汽车

图6-11 高速公路应急车道

转移至右侧的应急车道内。

（2）无论汽车是否能够移动，驾驶人和乘员必须从右侧车门下车，迅速转移到右侧路肩上或者应急车道内等安全地带，并在距故障车来车方向150m以外的地点设置警告标识，如图6-12所示。如果驾驶人未携带警示牌，可以及时报警求助。夜间还须开启示宽灯和尾灯，以引起后续汽车驾驶人充分注意。

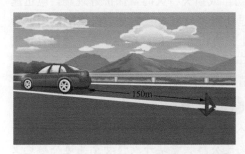

150m

图6-12 设置警告标识

（3）车修好后需返回行车道时，应先在应急车道上提高车速，并开启左转向灯，看准不妨碍其他正常行驶汽车的时机进入行车道。

（4）故障车、事故车无法正常行驶的，应当由救援车、清障车拖拉、牵引，不准自行拖拉。救援车如图6-13所示。

130. 在高速公路上发生交通事故时如何处置？

（1）车辆在高速公路上行驶发生交通事故时，驾驶人应立即向后续车辆发出危险信号，开启危险报警闪光灯，在事故车后150m外设置"故

图 6-13 救援车

障车警告标识牌"。夜间还需同时开启示宽灯和尾灯。

（2）发生事故后，驾驶人和其他乘车人必须迅速转移到右侧路肩上或者紧急停车带内。若有需立即送医院救治的伤员，可向过往车辆发送求救信号，但不能试图强行拦截车辆求助。

（3）立即通过紧急电话报告交通警察，将事故发生的地点、时间、形态、规模、人员伤亡情况等逐一报告，如车辆载有危险品、易燃、易爆物品时，应将这些物品的受损情况报告。

（4）保护现场，救护伤员。保护好事故现场，并迅速采取安全措施，以求最快处理现场。当有人员伤亡或损失特大时，保护好现场，应迅速报警，并主动抢救伤员（可向过往汽车发出求救信号，但不能试图强行拦截汽车求助或自行在行车道上抢救伤者）。做好后方预警，确保自身安全和道路行车安全。后面来的车辆不要挤占紧急停车道，以免给交通管理部门疏导交通、抢救伤员、清障救援等工作造成不便。

━━━━━━━ 特别提醒 ━━━━━━━

当发生交通事故时，在无人员伤亡，损失较轻，且双方无争议的情况，应迅速撤离现场，行驶到高速公路收费站外或移动至高速公路边上的紧急停车带位置，千万不能站在行车道上争论，以免被后方车辆追尾碰撞。

四、 驶离高速公路

131. 在高速公路出口处如何安全行车？

高速公路的出口前 2km、1km、500m 及出口处都设有下一出口预告标识，如图 6-14 所示。当汽车行驶到距出口 2km 预告标识后，在左侧车道上行驶的汽车，见到此标识就应该转换到右侧的行车道内行驶。随后的时间内就不要再超车了，也不要靠近大货车，因为大货车庞大的车身很容易遮挡视线，也会影响汽车变道，导致错过出口。

图 6-14　下一出口预告标识

汽车驶离高速公路时，应当按出口预告标识开启右转向灯，进入与出口相接的车道，减速行驶进入减速车道，如图 6-15 所示。从匝道驶离高速公路时，车速应降至 40km/h 以下。禁止在高速车道上降低车速，禁止突然驶入匝道。在匝道、加速车道及减速车道上禁止停车、超车。

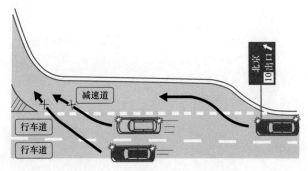

图 6-15　开右转向灯进入减速车道

132. 驶过了高速公路的出口时如何处置？

如果汽车驶过了高速公路的出口，不要慌张，更不可倒车或者掉头返回。此时应保持速度继续前行，在前行中找一个最近的出口或者服务区。在出口收费站几十米之前，有一个专供走错路口汽车掉头的口，可从这里返回高速公路。

也可以采用如图 6-16 所示方法，就近驶向同向的服务区（一般服务

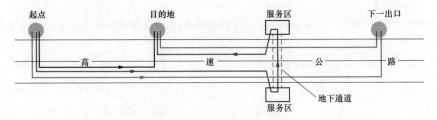

图 6-16　利用服务区掉头

区为左右对称布局，中间有一个联络隧道），只要开车穿过联络隧道进入对面服务区后，就可以驶出该服务区，再从高速公路沿路返回。

━━━━━━━━━━━━ 特别提醒 ━━━━━━━━━━━━

当发现驶错出口时的特别注意事项

（1）不可在慌忙中紧急制动、更不可停车，否则很容易导致追尾事故。

（2）不能在右车道上倒车或者违法掉头从超车道上逆行返回。

（3）尽量不要往前走出收费站后再进入收费站沿原路返回，这样要多花费两倍多走路段的路费。

第七章　自驾游驾驶的应急避险技巧

一、自驾游前的准备工作

133. 野外出游的装备有哪些?

（1）旅途日常用品。随车携带一些食品和饮用水，必要时还可带上茶杯、暖水瓶、雨具、酒精炉等生活用品。带上通信工具，包括手机及其备用电池、充电器。

（2）基本的露营装备。帐篷、睡觉用的防潮垫、睡袋、根据季节不同所带的御寒的衣服。

（3）行走所需的装备。登山鞋、雪套、30m 的登山绳，还有一些自备的小绳套，以及与绳配套的锁。除此以外，根据个人习惯，带一个登山杖或是行走杖是比较不错的选择，这样可以节省体力，也比较安全。

（4）联络工具。指南针、救生笛这些工具在迷路或受伤时有很大帮助。如果条件允许，可以准备全球定位系统（GPS）和对讲机。

（5）急救包。急救包里是一些常备的药品和急救用品。常备药品主要根据自己的身体状况和去的区域的不同而有所区别。如感冒药、黄连素、消炎药、止血绷带等，还要根据自己的身体状况带上一些常用药品。

134. 自驾游时应准备哪些常用维修工具?

应准备一些汽车应急维修工具，以便随时排除汽车故障。如带上车载打气泵、轮胎冷补胶、应急灯或手电筒，以便给轮胎充气、修补轮胎、夜间照明。

随车带上一些常用工具，如千斤顶、扳手、钳子、手锤、剪刀、螺母刀、拖车绳等；还可带上一些易损配件，如火花塞、熔丝、发动机传动带等。

135. 自驾出行前如何进行车况检查?

在自驾出行前，一定要对汽车进行全面检查。主要是对转向、制动、灯光、轮胎（包括备胎）、刮水器、蓄电池等涉及行车安全和汽车使用可靠性的部位进行重点的检查保养。通常检查的内容主要有以下几个方面。

（1）油箱油量检查。在出行前要加满油，以确保出现特殊状况时不受影响，如迷路、找不到加油站等，同时在旅途中一定要勤加油。

（2）机油检查。驾驶人检查机油存量很有必要，如发现亏缺就要进行及时补充。如果车处在即将保养的里程周期，可以提前进行1次常规保养。

（3）刮水器的检查。出行前要对刮水器进行检查，以确保在雨天也能安心地行车。应仔细检查刮水器在各个功能挡位上是否都能正常工作，除了查看刮水器的运作状况外，还要检查雨刮片的磨损程度是否在正常范围内，以保证良好的刮水效果。一旦发现磨损严重，一定要及时更换。

特别提醒

雨刮片一般寿命为1年，老化后一般表现为刮水不干净，容易在玻璃上留下一道道的水痕，另外刮水噪声会变大。

（4）制动检查。出行前，要检查制动片是否需要更换，制动灯是否正常。有些汽车由于疏于检查，容易出现制动灯不亮或是一侧不亮的情况。有些车上有制动片警告灯，警告灯亮时，提醒驾驶人需要更换制动片了。此外，当制动片上的摩擦材料磨到钢背警示线时，会有警示声，警示声也是提醒驾驶人需要更换制动片了。当踩下制动踏板，感到制动很吃力时，很可能是制动片已经丧失摩擦力了，需立即检查更换。当制动时听到贴片摩擦的异响声时，说明制动片已超过使用极限，应立即更换。更换制动片的同时还要检查制动盘是否也已磨损，是否需要同时更换。自检制动片的方法如下。

1）看厚度。一个新的制动片厚度一般为1.5cm左右，随着使用中不断摩擦，厚度会逐渐变薄。当肉眼观察制动盘厚度已经仅剩原厚度的1/3时，就要增加自检频率，随时准备更换。每个制动片的两侧都有个凸起的标识，这个标识的厚度在2～3mm，这也是制动盘最薄更换的极限。如果制动片厚度已经与此标识平行，则必须要进行更换。

2）听声音。如果在轻点制动的同时伴有"铁蹭铁"的吱吱声（也有可能是制动片在刚开始安装时磨合产生的），此时制动片必须立即更换。因为制动片两侧的极限标识已经直接摩擦制动盘，证明制动片已经超过极限。遇到这种情况，在更换制动片的同时要配合制动盘的检查，出现这种声音时往往制动盘已经受到损坏。此时即使更换新的制动片也不能消除响声，严重时需要更换制动盘。

3）感觉力度。如果要旅游、出远门，驾驶人一定要检查制动系统，用脚踩制动试一试。如果感觉制动变软或者是刹不住了，这时就要检查制动片是否太薄了，此时必须要更换，否则会引发严重的交通事故。

4）手刹的检查方法。汽车手刹的手柄，一般都有一定的拉动行程，通常在手柄提拉到整个行程的 3/4 位置时，手刹系统就应该处于正常的制动位置。如果检查不符合上述要求，则应及时送到维修部门进行检查修理。

（5）灯光检查。在自驾游之前，应对前大灯、制动灯、转向灯、尾灯、雾灯、警示灯等进行一次彻底的检查。注意左右制动灯和高位制动灯全部都要保证是能正常点亮的，千万别以为一个制动灯还亮着就足够了。

136. 如何进行轮胎自检？

（1）补胎。对于已经补胎很长时间的轮胎来说，即使暂时用起来没问题，但在极限负载下的承受力也会大不如从前；另外，同一条轮胎上如果已经扎了 3 个以上的洞，还是建议尽快将其更换。

（2）鼓包。汽车如果以高速驶过凹坑、障碍物及马路牙子时，轮胎局部在巨大的撞击力下将发生严重变形，从而内部压力瞬间增大，这样的直接后果就是造成胎侧帘子线断裂而引起鼓包。另外在相同冲击力度下，低扁平比的轮胎比高扁平比的轮胎更容易引起胎侧鼓包。已经发生了鼓包的轮胎必须立即更换，否则就有爆胎的隐患。

（3）花纹。一般来说，正常使用的家用轿车可以每 60000km 或 3～4 年更换一次轮胎，但对于花纹磨损严重的轮胎则应提早更换。现在的快修店都有花纹磨损标尺，可以随时检测轮胎的花纹磨损状况。此外，胎面裂纹增多也是老化严重的象征，平时可以适当喷一些轮胎保护蜡，还有就是开车时尽量不要轧到腐蚀性的液体。

（4）气压。现在的大多数家用轿车都使用了无内胎的子午线轮胎。对于前驱车来说，由于发动机、变速箱等重要驱动部件都压在前部，所以前轮有时看起来会有点瘪，但目测是不准确的，一定要用专用的胎压表测量。一般来说前轮的气压在 2.2～2.3bar（由于每种车型的用途和设计各有不同，所以最好参考使用说明书上标定的厂方数值），夏季可以适当低一些。

（5）石子。有些驾驶人经常会听见汽车在行驶时会发出"啪啪"的声音，但检查也没有故障，这时应检查是不是有小石子卡在轮胎花纹里。只要用钥匙将轮胎花纹里的这些小石子挖出来，就可以避免轮胎噪声，还能使轮胎的制动抓地更稳定。

（6）备胎。要想备胎起到真正应急的作用，平时就要重视对备胎的保养。

1）要经常检查备胎气压。

2）备胎要注意防油蚀，备胎是橡胶制品，最怕各种油品的侵蚀。轮胎沾油后，很快就会发生胀蚀，这会大大降低备胎的使用寿命。

3）备胎的寿命在4年左右，很多驾驶人错误地认为备胎不用就一直是新的，其实过了4年即使备胎一次也没有使用过也要更换，否则备胎就成了废胎。

137. 需要更换轮胎的情形有哪些?

检查轮胎磨损状况时，应检查轮胎侧面有无划伤，轮胎冠面有无裂纹，如果有异常情况，应进行修补或更换。轮胎磨损后极易爆胎而引发事故。确定需要更换轮胎的情形，主要有下列5种。

（1）轮胎老化严重。观察轮胎胎面以及胎壁上的纹路，如果普遍出现裂纹则表明轮胎已经老化严重。此时虽然行驶里程数不长或是使用时间不久，不过仍需要及时更换，否则老化的轮胎由于胎壁强度减弱，在高速行驶中由于温度上升容易发生爆胎危险。

（2）轮胎胎面花纹磨损超过深度指示线。胎面花纹磨损指示线为扁平的橡胶条，与胎面纵向垂直镶嵌在胎面沟壑中。在胎面上嵌入的磨耗标记一般为8条，宽度为12.5mm，并在相应部位的轮胎侧壁印有"σ"或"TWI"记号。如果能从邻近的两个槽中看到磨耗指示带，就应及时更换轮胎了。轮胎磨损标记与极限如图7-1所示。每个轮胎胎面凹槽处都

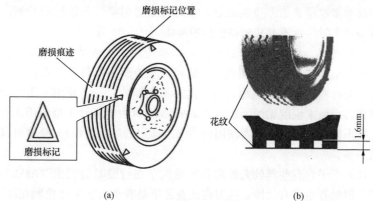

图 7-1　轮胎磨损标记与极限

（a）轮胎磨损标记；（b）轮胎磨损极限

有一个磨损极限的指示线，这个指示线厚度大约为 2mm（准确值为 1.6mm）。当轮胎厚度磨损至距离极限指示线有两个极限指示线高度时（也就是 3.2mm），应当频繁检查，最好进行更换。

　　出现轮胎异常磨损现象的原因见表 7-1，应结合汽车维护保养排除故障或去汽车修理厂进行修理。

表 7-1　　　　　　　　　　轮胎异常磨损现象的原因

故障现象	故障原因	故障现象	故障原因
中部磨损	(1) 充气压力过高 (2) 窄胎轮辋选用了宽胎	斑秃磨损	(1) 车轮不平衡 (2) 悬架松动 (3) 主销后倾角、内倾角失准
胎肩磨损	(1) 充气压力过低 (2) 长期超载行驶	波状磨损	(1) 车轮定位失准 (2) 轮毂轴承间隙过大 (3) 车轮定位失准 (4) 车轮不平衡
锥形磨损	(1) 车轮外倾角失准 (2) 前束失准	阶梯磨损	(1) 车轮前束失准 (2) 轮毂轴承松动 (3) 主销后倾角失准且悬架松动
锯齿磨损	(1) 前束失准 (2) 车架变形	个别车轮磨损过快	(1) 该车轮不平衡 (2) 该车轮的悬架变形或松旷 (3) 该车轮的减振器失效

　　（3）轮胎起包变形。如果轮胎上有硬伤切口、暴露帘线的裂隙等现象，说明轮胎存在严重的故障隐患，应予以更换。某些情况下轮胎的外表面会因为强度不够导致高出正常轮胎表面的凸起和起包。如果发现起包变形的情况，一般情况下都建议更换轮胎。轮胎出现此类情况，证明轮胎内部的金属线圈已经变形或断裂，如果继续行驶则极可能发生爆胎危险。

（4）频繁补胎。胎面扎钉子很常见，正常补胎就可以解决。一两次的补胎不会影响轮胎的使用，但是超过3次之后，出于安全考虑就建议更换轮胎了。

（5）看有没有过多的振动和抖动。汽车抖动的诱因很多，可能是轮胎存在轴向偏移或受力不平衡，也可能是减振器出现了问题。但是抖动也可能预示着轮胎内部有着某些问题，因此如果汽车存在较为严重的抖动，特别是在路况良好的道路上出现抖动，应马上把汽车开到维修厂进行检查。时刻谨记，较大程度的抖动往往是汽车故障的先兆。

（6）胎壁被扎。胎壁被扎的确比胎面受伤更危险，不过也不是所有的侧面损伤都需要更换轮胎。

1）轮胎侧壁裂纹比较容易发现，这些细小的沟槽预示着轮胎上可能会出现漏气裂缝，更糟的话甚至引发轮胎的爆裂，这些轮胎故障，还是应以最快的速度把汽车开到维修厂更换轮胎。

2）每个轮胎的胎壁都有相关标识和型号，如果受损处位于标识下侧靠近轮毂边缘，此时轮胎必须更换。因为此处钢丝强度很弱，并且修补后在装胎过程中此处必然会受到挤压变形，很难保证修补效果。如果标识处或靠外侧受损，则还有补救的机会。

138. 如何检查底盘的技术状况？

对于投入使用不久新的汽车，只要没有发生过撞损事故，底盘的状况都是比较可靠的，只要将汽车升起来，直观检查看是否有明显的损坏即可。

对于使用了2～3年以上的汽车，除了应仔细检查底盘是否有明显的损坏外，还应仔细检查发动机排气管吊环有无受热出现腐蚀现象，如果出现问题，则应及时更换新件，以防长途行车导致吊环断裂，致使排气管脱落而造成事故。

二、　自驾车旅游的驾驶

139. 自驾车旅游如何安全行车？

（1）不要疲劳驾驶。自驾出游是为了开心，为了消遣，不要把日程安排得过于紧张而疲劳驾驶汽车，每天要保证充足的睡眠。

（2）不要酒后驾车。自驾出游，高兴之余免不了会喝点酒，但应牢记"喝酒不开车，开车不喝酒"。

（3）不要赶夜路。对于偏僻的不熟悉的旅游路线，不要在夜间贸然前行，应该在夜幕降临之前落实住处。

（4）注意防盗抢。路途中停车尽可能选择有人看管的停车场，以免汽车被盗。贵重物品要随身携带，在拥挤的繁华路段行车，要将所有的车门都锁上，不要把手提包放在副驾驶人的座椅上。独自驾车时，不要搭乘陌生人。

140. 如何选择营地？

住宿和休息的营地是野外保障自身安全和恢复体力最重要的地点，露营首要考虑的是安全因素，因此要从以下几方面综合判断，选择最佳的露营地点。

（1）地势。仔细勘察地势，不能将帐篷扎在有滚石、滚木以及风化的岩石的下方。

（2）天气。雷雨天不要在山顶或空旷地上安营，以免遭到雷击；不要在河流边及川谷地带建立营地，以免被山洪冲走；不要在山脊上或河的两岸扎营，以免被暴涨的洪水淹没河岸。

（3）背风。最好是在小山丘的背风处，林间或林边空地、山洞、山脊的侧面和岩石下面等。

（4）日照。营地要尽可能选在日照时间较长的地方，这样会使营地比较温暖、干燥、清洁，便于晾晒衣服、物品和装备。

（5）防兽。建营地时要仔细观察营地周围是否有野兽的足迹、粪便和巢穴，不要建在多蛇多鼠地带，以防伤人或损坏装备设施。要有驱蚊、虫、蝎的药品和防护措施，比如在营地周围遍撒些草木灰就非常有效。

（6）平整。营地的地面要平整，不要存有树根草根和尖石碎物，也不要有凹凸或斜坡。

（7）近水。营地要选择离水源近的地方，至少有泉水、溪水取用便利。但深山密林里，水源处可能会遇到野生动物，要格外小心。

（8）注意环保。垃圾废物要尽可能带出，特殊情况下无法带走时，可以挖坑掩埋。

特别提醒

宿营地选择的两条基本原则

（1）傍水而不近水。 宿营地一般选择在比较开阔、离水源近但又不能太近的地方。由于需要用水，接近水源取水会比较方便。但也不能离水源太近，尤其是夏天。因为夏天可能雨水会比较多，有可能会爆发山洪等灾害。

（2）避开陡峭山坡，以防因落石和滑坡受伤。野营时，扎营地一般选择在背风、背阴、傍水的坡地上，尤其要靠近村庄。这样，有急事还可以向当地村民求救。如果要在丛林中露宿，必须防止虫、蛇爬入。一个比较好的预防措施，就是及时清除营地四周的杂草，在周围挖一道排水沟，并且撒上草木灰。点燃篝火或生火做饭时，应该考虑周围是否有易燃物，防止发生火灾。

141. 如何运用信号求救？

如求救援，运用信号求救的方法如下。

（1）点燃火堆。连续点燃3堆火，中间距离最好相等，白天可燃烟，在火上放些青草等产生浓烟的物品，夜晚可燃旺火。

（2）声音求救。在不很远的距离内发出求救信号。可大声呼喊，也可借助其他物品发出声响，如用斧子、木棍敲打树木。

（3）利用反光镜。利用回光反射信号，是有效的办法。可利用的能反光的物品如金属信号镜、罐头皮、玻璃片、眼镜、回光仪等。

（4）在地面上做标识。在比较开阔的地面，如草地、海滩、雪地上可以制作地面标识。如把青草割成一定标识，或在雪地上踩出一定标识；也可用树枝、海草等拼成一定标识，与空中取得联络。还可以使用国际民航统一规定的地空联络符号所示。记住这几个单词：SOS（求救）、SEND（送出）、DOCTOR（医生）、HELP（帮助）、INJURY（受伤）、TRAPPED（发射）、LOST（迷失）、WATER（水）。

（5）留下信息。当离开危险地时，要留下一些信号物，以备让救援人员发现。地面信号物要使营救者能了解你的位置或者过去的位置，方向指示标有助于他们寻找你的行动路径。一路上要不断留下指示标，这样做不仅可以让救援人员追寻而至，在自己希望返回时，也不致迷路——如果迷失了方向，找不着想走的路线，它就可以成为一个向导，可以使用如下方向指示标。

1）将岩石或碎石片摆成箭形。

2）将棍棒支撑在树杈间，顶部指着行动的方向。

3）在卷草中的中上部系上结，使其顶端弯曲指示行动方向。

4）在地上放置一根分叉的树枝，用分叉点指向行动方向。

5）用小石块垒成一个大石堆，在边上再放一小石块指向行动方向。

6）用一个深刻于树干的箭头形凹槽表示行动方向。

7）两根交叉的木棒或石头意味着此路不通。

8）用3块岩石、木棒或灌木丛传达的信号含义明显，表示危险或紧急。

142. 通过沼泽地如何避险与逃生？

（1）识别沼泽。沼泽地是一种特殊的自然体系，也属于一种湿地。泥潭一般在沼泽或潮湿松软泥泞的荒野地带。发现寸草不生的黑色平地，就需要十分小心。还要特别留意青色的泥炭藓沼泽。在某些时候，水苔藓满布泥沼表面，看起来像地毯一样，这是最危险的陷阱。如果必须经过满布泥河潭的地方，应沿着有树木生长的高地走，或踩在石南草丛上，因为树木和石南都长在硬地上。如不能确定走哪条路，可向前投下几块大石头，待石头落定后便可确定是否可以落脚。

（2）陷入沼泽地后注意维持生命。在广阔的沼泽地带，最大的威胁是潮湿寒冷的天气。若弄湿了衣服，又暴露在寒风之中，就会很容易冻坏。应尽快寻找动物躲避风雨的地方，如树林、矮树丛、洞穴、岩石、堤岩等。沼泽地上的羊圈、牛棚也是避风的好地点。收集雨水或把冰雪融化来作饮用水。但在大雨、大雪或浓雾的情况下，若非必要就别冒险走出去。待天气好转，再走到附近安全的地方。

（3）身陷沼泽切记不要挣扎，应采取平卧姿势，尽量扩大身体与泥潭的接触面积，慢慢游动到安全地带而脱险。

143. 昆虫叮咬如何避险？

在野外，时常会遇到各种的蚊虫叮咬，处理不得当可能会引发严重的后果，甚至危及生命。

外出前最好把花露水抹在皮肤表面，以此预防蚊虫叮咬，或者用尼龙薄纱制成防蚊头罩保护头部，对全身的防护则用蚊帐。不要在河边、湖边或溪边扎营。在夏天，近水的帐篷最容易招引蚊子。可以在全身抹上或喷上防蚊油，并喷一些在衣服、被褥上。身上的药剂容易被汗水冲掉，但是布料上的则可维持较久。

随身要携带扑尔敏等抗过敏药物，一旦发生毒虫叮咬，不要惊慌，让受害人保持平卧姿势，不能活动，同时立即用绳子或手绢绑紧四肢血管，减缓毒素扩散，然后把毒素吸出来，但须保证口腔无伤口，否则也会中毒，最后用清水清洗伤口。也可用氨水、肥皂水、盐水、小苏打水、氧化锌软膏涂抹患处止痒消毒。

采取了简单急救措施后，要立即将其送至医院治疗。

144. 如何处理蜂蜇伤？

蜂蜇伤是指由蜜蜂、黄蜂、大黄蜂、土蜂等尾部的毒刺刺伤人的皮肤所引起的一种损伤。雌蜂的尾部有毒腺及螫针，当蜂螫人时，螫针将毒液注入人体。蜜蜂的毒刺上还有逆钩，刺入人体后，会有部分残留于伤口内。黄蜂的刺则不留于伤口内，但黄蜂较蜜蜂螫伤更为严重。

（1）人被螫伤后，局部立即有明显的灼痛和瘙痒感，刺螫处有小出血点，很快红肿，甚至起疱，一般无全身症状。如果被群蜂或毒力较大的黄蜂螫伤，症状较重，可出现头晕、头痛、恶寒、发热、烦躁、痉挛及晕厥等。少数患者可出现喉头水肿、气喘、呕吐、腹痛、心率增快、血压下降、休克和昏迷等。

（2）如果不幸已被蜂螫，应立即在被螫伤的局部寻找遗漏在皮肤内的蜂针和毒囊，用镊子、消毒针、指甲剪等设法将其拔出或清除。因毒囊离蜂体后，仍会继续收缩数秒钟，所以切勿用手挤压，以免剩余的毒素进入体内。

然后用力掐住被螫伤的部分，用嘴反复吸吮，以吸出毒素。然后再用氨水、苏打水或者尿液涂抹被螫伤处，中和毒性。还可用冷水浸透毛巾敷在伤处，减轻肿痛。如果有消炎药的话，可以涂抹和口服一些消炎药。也可以用拔火罐的方法吸出毒素。

（3）用3％氨水、5％碳酸氢钠溶液或肥皂水冲洗伤口。若为黄蜂螫伤，其毒液为碱性，可外涂5％醋酸或食醋，以减轻疼痛；如刺伤处红肿疼痛显著，可在损害周围注射2％盐酸普鲁卡因。若为蜜蜂螫伤，在处置上与黄蜂不同的是，在伤口涂些氨水、小苏打水或肥皂水。

（4）将野甘草叶子洗净，榨汁后涂擦患处（或以鲜叶洗净，揉擦），每隔5min搽药1次，红肿灼痛即可减轻。鲜马齿苋汁涂于伤口可治疗黄蜂螫伤。南通蛇药（季德胜蛇药）以温水溶后涂伤口周围有一定的疗效。

（5）有神志障碍、呼吸困难或血尿的重症病人，应尽快送医院治疗。全身症状较重者可用糖皮质激素或蛇药片，出现休克时应及时抢救。过敏者，可口服扑尔敏。

特别提醒

（1）野外的树木杂草较多，自然聚集了各种蚊虫、蜂群。为了防止被蚊虫叮咬、蜂螫，建议出游者穿长袖上衣和长裤出游，并带风油精备用。

（2）在穿越丛林时，很可能惊动蜂群，比较好的办法，是用衣物保护好自己的头颈，反向逃跑或原地趴下，条件允许也可以跳入水中。但千万不要试图反击，否则只会招致更多的攻击。

145. 如何区分毒蛇与无毒蛇咬伤?

对于蛇来说，大多数情况下不会主动攻击人类，除非是它认为受到威胁。如果不慎被蛇咬伤，最重要的是争取时间，并要立即判断是否为毒蛇咬伤。

（1）毒蛇咬伤的主要临床表现。一般而言，被毒蛇咬伤 10～20min 后，症状逐渐呈现。由于毒素作用不同，或出现四肢麻痹、无力、眼睑下垂、瞳孔散大，对光反射消失，不能吞咽和说话，呼吸缓慢无力等神经障碍，导致窒息、心力衰竭而死亡，或全身皮下淤血、鼻出血、呕血、咯血、尿血、便血等，甚至昏迷、虚脱、休克而死亡。

（2）一般毒蛇咬人时嘴张得很大，牙齿较长，所以毒蛇咬伤的皮肤局部常留有两个邻近的、较深的、粗大的牙痕。而无毒蛇咬伤的牙痕通常呈锯齿状蛇咬伤，伤口特征如图 7-2 所示。

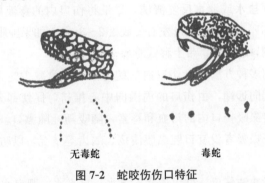

无毒蛇　　　　　　　毒蛇

图 7-2　蛇咬伤伤口特征

（3）如果伤口没有牙痕，且 20min 内没有局部疼痛、肿胀、麻木和无力等症状，就可以确定为咬伤。此时，只需要对伤口进行清洗、止血、包扎，有条件的再送医院注射破伤风针即可。

━━━━━━━━━━━━━**特别提醒**━━━━━━━━━━━━━

毒蛇咬伤的急救原则

被毒蛇咬伤后应及早防止毒素扩散和吸收，尽可能地减少部分损害。蛇毒在 3～5min 即被吸收，故急救越早越好。

━━━━━━━━━━━━━━━━━━━━━━━━━━━━━━━━━━

146. 如何防治毒蛇咬伤?

远足者应穿着长裤和有高帮的鞋。行走的时候要沿有现成的小径行走，切勿自行闯路，走草丛和杂树林。遇到蛇时，保持镇定不动，让受惊的蛇尽快逃走。蛇的视力很好，受到快速动作刺激时，多数立刻反击。如被蛇咬后，应注意的事项如下。

(1) 如果受伤者单独在野外被毒蛇咬伤，不要惊慌失措地奔跑，应脱去伤口附近的衣服和首饰，将伤口部位尽可能放低，并保持局部的相对固定，以减慢蛇毒的吸收。同时用冷水局部冷敷降温。如有条件，最好先将伤肢浸于 4～7℃ 的冷水中 3～4h，然后改用冰袋、冷毛巾在伤处及四周冷敷，以减缓人体吸收毒素的速度。

(2) 在现场要在第一时间找一根布带或长鞋带绑紧咬伤口以上近心侧的肢体，缓解毒素扩散。如果是足部咬伤，应在踝部和小腿用条带绑扎两道；如为手部或前臂咬伤，应在肘关节以上部位用条带绑扎两道。绑扎的松紧程度以阻止静脉血和淋巴回流为度。捆扎好后，可以边挤压伤口边用生理盐水或清水反复清洗，尽量将伤口内的毒液稀释和挤出。为防止肢体坏死，每隔 10min 左右要放松 2～3min。如果肿胀部位已超过捆绑带的范围，应将捆绑带上移数厘米。

(3) 采用多种方法排出伤口内的蛇毒素，尽量减少蛇毒素的吸收。可用手由近端向远端，由伤口的周围向中心推挤，促使部分毒液排出。也可用口直接啜吸伤口内的污血和毒素，随吸随吐随漱口。用口吸毒素时，必须保证啜吸者没有口腔黏膜溃疡、龋齿等情况，以防蛇毒素经口进入人体内。

(4) 彻底冲洗伤口。可用清水、泉水、自来水、肥皂水反复冲洗伤口，也可用 0.05% 高锰酸钾液或 3% 过氧化氢冲洗伤口。冲洗完毕不要擦伤口，应用布轻拍，使其干燥。

(5) 认真清创，进一步去除伤口内的异物（如蛇牙）、坏死组织及毒素。可用消毒过的小刀以牙痕为中心切开伤口，使毒液流出，亦可用吸奶器或拔火罐吸出毒液。但被蝰蛇、五步蛇咬伤，一般不做切开排毒，因为它们含有的毒素，会造成出血不止。

(6) 破坏蛇毒的方法。

1) 烧灼法。用火柴头 4～6 个，放于伤口上点燃烧灼，连续 3～5 次。适用于牙痕较浅的蛇咬伤，如蝮蛇、银环蛇咬伤，或用于伤口流血不止者。

2) 含药法。用如米粒大的高锰酸钾塞于伤口内，数分钟后冲洗掉；

或选用食盐、明矾、雄黄等塞入伤口亦可。

3）注药法。用0.5％高锰酸钾注射液3～5mL，做伤口浸润注射，1次即可。为防止疼痛，可先用0.5％～1％普鲁卡因在肿胀部位做皮下环状封闭。

4）胰蛋白酶注射法。用胰蛋白酶2000～6000单位，加入2％利多卡因5～10mL，在蛇牙痕周围注射，12～24h后重复注射1次。若发生变态反应，可用非那根25mg肌内注射。依地酸钠注射液可以螯合金属蛋白酶，抑制一些水解酶的活性，对蝮蛇、五步蛇、蝰蛇咬伤的局部组织坏死有效。

（7）蛇药的使用。蛇药是治疗毒蛇咬伤有效的中成药，常用的解毒抗毒药有上海蛇药，南通蛇药，广州（何晓生）蛇药等。

（8）抗蛇毒血清治疗。抗蛇毒血清有单价的和多价的两种，单价抗毒血清对已知的蛇类咬伤有较好的效果。抗蛇毒血清应用越早，疗效越好。我国所制的蛇抗毒血清有蝮蛇抗毒血清、银环蛇抗毒血清、眼镜蛇抗毒血清等。一般用1支（10mL）稀释于生理盐水或25％～50％葡萄糖液（20mL）中静脉注射，最少1次，必要时可重复使用1～3次。但注射前必须做过敏试验。阳性者可按脱敏法注射。

（9）应用激素、利尿药及支持疗法，对症处理。早期可用呋塞米（速尿）20～40mg肌内注射，或20％甘露醇250mL静脉滴注，促使血液中蛇毒加速排泄，缓解中毒症状。必要时可重复应用。糖皮质激素的应用可以减轻蛇毒中毒症状，有利于病情的缓解和恢复。用量大小视病情的轻重而定。

（10）其他措施。检查患者的气道、呼吸及循环情况。如果患者没有呼吸或没有脉搏及心跳，要立即做心肺复苏；被银环蛇、金环蛇咬伤后昏迷的重病应采用人工呼吸；可用抗生素防治伤口感染等。

特别提醒

（1）除非专业人士，否则不要贸然割开伤口的皮肤吸吮或洗涤。让伤者躺下，停止伤处活动，但不要抬高伤处。不可喝酒，亦不应做不必要的活动。如果带有蛇药，应尽快内外服用。

（2）边抢救边向就近医疗单位或公安机关求助。尽快到医院求治。如有可能的话，辨别毒蛇的种类、颜色和斑纹，如咬人的蛇已被捕捉，应一并送往医院，以便医护人员辨认，选用适合的血清。

三、 野外生存技巧

147. 在野外如何预防迷路？

在出游前，一定要对行程做好充分的准备工作，了解行程的线路，在不确定的情况下，不要贸然出发，最好在当地请一位向导同游。如果在意外的情况下迷路了，也不要惊慌，先稳定情绪，尽量沿原路返回。预防迷路的基本方法如下。

（1）准备所要旅行的地方的地图和指南针，如果有地形图更好。如果没有地图，在行进过程中要随时注意身边比较特别的山形、山势、岩石和树木。如比较奇怪的树木，或是一块比较有特点的岩石，都需要记住它。

（2）在行进的过程中，要随时给自己制定路标。所做的路标一定要做在返回的时候很容易找到的位置。

------------------- 特别提醒 -------------------

野外活动中若掉队，切勿盲目行走，要留在原地，等待救援。或者往高海拔的山体上走，而不应下到低海拔的沟里头，如果下到沟里头，不仅在通信设备的信号方面没有保障，也很难判断自己的方位，不便于求救。

此外，雨后，谷底也容易遇到洪水、泥石流，非常危险。

----

148. 迷路时如何寻找方向？

在野外迷失方向时，切勿惊慌失措，而是要立即停下来，冷静回忆一下所走过的道路，再寻找道路。最可靠的方法是退回到原出发地。在没有地形图和指北针等制式器材的情况下，要掌握一些利用自然特征判定方向的方法，如图7-3所示。

（1）利用太阳定向。太阳从东方出，西方落，这是最基本的辨识方向的方法。太阳自东向西移动，影子与之相反。比如，早晨6时，太阳从东方升起，一切物体的阴影都倒向西方；到中午12时，太阳位于正南，影子便指向北方；到下午6时，太阳到正西，影子则指向东方。因此，可以根据太阳和物体的阴影，粗略判定方向。

（2）利用标杆（直杆）定向。寻找一根又高又细的标杆，使之与地面垂直，把一块石子放在标杆影子的顶点A处；约10min后，当标杆影子的顶点移动到B处时，再放一块石子。将A、B两点连成一条直线，这条直线的指向就是东西方向。与AB连线垂直的方向则是南北方向，向

北面　｜　南面

图 7-3　利用自然特征判定方向的方法

太阳的一端是南方，相反方向是北方；也可以运用东南西北顺时针旋转方向来确定东、南、西、北的方向。

（3）利用指针式手表判定方向。手表水平放置，将当前时间（24h制）数减半后的位置朝向太阳，表盘上 12 点时刻度所指示的方向就是概略北方。如果现在时间是 16 时，则手表 8 时的刻度指向太阳，12 时刻度所指的就是北方。

（4）利用北极星来识别方向。寻找大熊星座（即北斗星），该星座由七颗星组成，就像一把勺子一样。沿着勺边找到第六与第七颗星，两颗星的连线，向勺口方向延伸约为勺边两星间隔的 5 倍左右的延长线上的较明亮的星就是北极星。北极星指示的方向就是北方。还可以用与北斗星相对的仙后星座寻找北极星。仙后星座由 5 颗与北斗星亮度差不多的星组成，形状像 W。在 W 字缺口中间的前方，约为整个缺口宽度的两倍处，即可找到北极星。

（5）利用地物特征判定方位。应根据不同情况灵活运用。

1）观察一棵独立的树，南侧的树皮光滑、枝叶茂盛，而北侧的相对稀疏。

2）在林中找一棵大一点的树桩，根据它的年轮来识别方向，树桩上的年轮线通常是南面、北面。因为树的年轮总是南面的稀（宽）而北面的相对较密（窄）。

3）农村的房屋门窗和庙宇的正门通常朝南开。建筑物、土堆、土埂、高地的积雪通常是南面融化得快，北面融化得慢。土堆、大树南面草木茂密；大岩石上布满苍苔的一面是北侧，而干燥光秃的一面则为南侧。

4）蚂蚁的洞穴也可以用来识别方向。因为蚂蚁的洞口大都是朝南的。

特别提醒

如果遇到岔路口，无所适从时，首先要明确要去的方向，然后选择正确的道路。若几条道路的方向大致相同，无法判定，则应先走中间那条路，即便走错了路，也不会偏差太远。

149. 迷路后如何自救和求救？

迷路后，在寻找出路时，应在比较明显的山坡或空地上摆放遇险标志，即垒上三四块石头，上面压一块丝巾、手帕或帽子，以便于他人找寻。

寻求救援，最便捷的方法就是利用手机，山脚等地手机信号可能不强，应该到较高的地方继续尝试，直到接通为止。

白天，在较高的山坡上，可以穿戴上颜色鲜艳的衣服和帽子，同时可以举起颜色最鲜艳的宽大丝巾或衣服当作旗子，在空中挥舞。夜晚，可用电筒向有灯光的地方发求救信号。

如果天色已晚，则应该待在原地不动。尤其是黑夜，最好不要贸然前进，而应该设法找一安全地点等待天亮，再继续寻找出路。或是选择一个较为安全的地方，可以利用救生笛、手机等工具向外界寻求救援。

（1）手机和救生笛。当用手机向外界呼救时，应尽量采用短信方式呼救，并每0.5h或1h开机收发信息，这样可以大大节省手机电量。利用救生笛向外呼救时，遵守国际通用的每分钟6响哨声惯例发出求救信号，也可发出国际通用的SOS遇险求助信号，即发出三声短三声长，再三声短；间隔1min后重复的声音求救信号。

（2）衣物和手电筒。在没有救生笛的时候，也可以利用手电筒和衣物向外界传递信号来寻求救援。利用衣物向外界传递信号，有一个特殊的办法就是在空中绕"8"字形，这也是国际上规定的求救方式。夜间，应当使用手电筒发出信号，和哨声相似，每分钟闪6次是求救的国际惯例。

（3）火堆。可以从野外寻找一些树枝或者其他可燃物，点燃一堆或几堆，同时向火堆中添加一些湿树枝或青草，使火堆升起大量的浓烟。燃放三堆火焰是国际通行的求救信号，将火堆摆成三角形，每堆之间的间隔相等最为理想，这样安排也方便点燃。如果燃料稀缺或者自己伤势严重，过度虚弱，凑不够三堆火焰，那么因陋就简点燃一堆也行。

（4）摆成标志。为吸引搜救人员的注意，还可以用树枝、石块或衣服等在野外的空地处摆放出尽可能大的SOS或HELP等字样，并在求救字样的显著位置插红色或其他颜色鲜艳的标志物。

特别提醒

不管采用何种方法向外界求救，始终要坚持一个原则，就是一切的求救行动都要坚持到救援人员到达身边为止。

150. 如何预测天气？

（1）留心观察野生的生物。动物对气压的变化相当敏感，观察它们的反应，这有助于你预测近一两天之内天气变化的情况。

1）食虫的鸟类，比如燕子，在天气晴朗的时候在高空中捕食，在暴风雨来临之前就飞得相当低。

2）如果兔子在白天意外出现，或者见到松鼠在巢中储存过多的食物，通常意味着天气要变糟了。

（2）观察篝火的烟柱。如果篝火的烟柱稳稳上升，表明天气不会有太大的变化，依然会很好。如果烟火闪烁不定，或者先升起又降下，可能近期内会有暴风雨。

（3）身体的变化。当天气要变糟时，有卷发的人会感觉到头发变紧，更不容易梳理——动物的毛发也一样。如果头发变得容易缠绕，或者不再像平常那样比较直容易梳理，很可能等待你的会是一场暴风雨。任何有风湿性关节炎、鸡眼或相关症状的患者，在空气温度增加时，都会感到更加不舒服。

（4）声音和气味。当空气的湿度增加时，声音会传得更远，气味也更容易辨别——这是因为，饱和的湿空气就像它们的放大器，是良好的传导体。由此根据相同的道理来推断，声音在水中传播得会更快一些。在降雨来临之前，树木和植物的气味会变得更加明显，而蔬菜则是更加舒展，以准备好来迎接雨水。

下篇

逃离虎口

——汽车驾驶意外险情应急逃生技巧

第八章　安全行车与交通事故的预防

一、安全行车的基本原则与注意事项

151. 安全行车基本原则有哪些?

（1）右侧通行原则。我国和世界上大多数国家一样，采用右侧通行制动，即靠道路的右侧选择自己的行驶路线。

（2）各行其道原则。行车中在坚持右侧行驶的同时，还必须严格遵守"各行其道"的原则，切实做到车不越线。

1）在划分机动车道和非机动车道的道路上，机动车在机动车道行驶，轻便摩托车在机动车道内靠右边行驶，非机动车、残疾人专用车在非机动车道行驶。

2）在没有划分中心线和机动车道与非机动车道的道路上，机动车在中间行驶，非机动车靠右边行驶。

3）在划分小型机动车道和大型机动车道的道路上，小型客车在小型机动车道行驶，其他机动车在大型机动车道行驶。

4）大型机动车道的汽车，在不妨碍小型机动车道的汽车正常行驶时，可以借道超车；小型机动车道的汽车低速行驶或遇后车超速时，须改在大型机动车道行驶。

5）在道路上划有超车道的，机动车超车时可以驶入超车道，超车后须驶回原车道。

（3）通过交叉路口按信号行止原则。各种汽车行经交叉路口，应按交通指挥信号通行。

（4）尊重非机动车和行人的优先原则。为了保证人的健康权、生命权，保障良好的交通秩序，特别从通行权利的分配上充分保护行人的生命安全，赋予了行人在人行横道上的绝对优先权。规定机动车行经人行横道，应当减速行驶；遇行人通行，必须停车让行。规定在没有交通信号的道路上，机动车要主动避让行人。

（5）确保汽车安全设备齐全有效的原则。汽车的总成、组合件、附件、制动装置和反光镜等设备必须装备齐全，机械状况良好。各种汽车的制动器、转向器、各种灯光中途发生故障，必须修复后方准行驶。

（6）安全第一原则。安全原则是行车中最基本的原则。遇有交通安全法没有规定的情况下，汽车、行人必须在确保安全的原则下进行。

（7）紧急避险原则。汽车驾驶人在驾驶行车途中，有时会遇到不可预见的突发险情，如山崩、龙卷风的突然袭击，前车突然发生事故或违章等。在万不得已的情况下，驾驶人应立即采取"紧急避险"措施。这里的"紧急避险"是指在法律所保护的权益遇到危险而不可能采用其他措施加以避免时，不得已采用损害另一个较小的权益，以保护较大的权益免遭危险损害的行为。汽车驾驶人对本车上的一切人员及财产负有保护的责任，不能借口因汽车遇险而不顾车上其他乘员和财产的安全弃车或跳车逃命，否则就要负刑事和民事责任。

（8）人民交通人民管的原则。交通安全关系到人民的切身利益，是一项涉及面广、社会性很强的工作，必须依靠全社会的共同努力，才能搞好这项工作。

152. 驾驶人如何安全行车？

（1）驾驶人要有安全意识观念。驾驶人应从思想上高度重视行车安全的意义，自觉遵守各项交通规则。驾驶人要居安思危，防患于未然。驾驶时，要多想一想可能发生的意外，警钟长鸣，才会保持清醒的头脑，才会时刻小心谨慎、最大限度地避免危险发生。

（2）不断提高驾驶技术。驾驶人应加强基本功训练，努力锻炼应变能力，灵活掌握操作要领，做到遇事不慌，沉着冷静，操作自如，遇紧急情况时，能迅速做出正确判断，采取有效措施，保障汽车的安全行驶。通常，紧急情况处理的原则是：先制动踏板后打方向，转向盘不能只打不回，以免造成新的危险。

（3）驾驶人应有良好的驾驶行为。大多数交通事故都是由于驾驶人的行为不当造成的，驾驶人应有良好的驾驶行为习惯，具体如下。

1）正确使用安全带。驾驶人通常采用三点式安全带，三点式安全带的胯带应系得尽可能低些，紧贴臀部，刚刚接触大腿为合适；三点式安全带的肩带应经过肩部，斜挂胸前。

2）进行必要的汽车检查。驾驶人都要养成出车前、行车中和收车后检查车辆的习惯，及时发现隐患，保证汽车技术状况完好。

3）保持高度注意力。驾驶人应精力集中，保持高度的注意力，提高判断情况的准确性。

（4）保持充沛精力。在驾驶中，要善于调整自己，避免疲劳驾驶。

（5）选择合适车速。驾驶人应根据实际情况，选择合理的行驶车速，该快则快，该慢则慢，不能超速行车。

（6）文明驾车。驾驶人要树立良好的驾驶形象，做到文明驾车。行车时，应遵守先后顺序，排队通行，不要去强行加塞；变道时，应开转向灯示意，让他车有准备；会车时，应礼让三先；不开赌气车，不开报复车，不堵车，不抢道；别人超车要礼让，切忌加速、高速竞驶。

153. 安全行车应注意哪些事项？

安全行车应注意"稳、准、狠"。

（1）稳。汽车行驶方向要稳。在平直路上驾驶汽车，驾驶人要双手稳握转向盘，调正方向，左右手动作要平衡、协调配合，要避免不必要地转动转向盘，以减少汽车左右晃动。

1）汽车转弯，驾驶人要稳打转向盘，使其自然过渡，避免侧滑或翻车。方向转过后，要早回、慢回转向盘，直到汽车直线行驶。

2）在不平道路上驾驶汽车，驾驶人要把稳转向盘，尽量不让身体随汽车摆动或跳动，以防汽车方向失去控制。

3）在雨雪泥泞道路上驾驶汽车，驾驶人要掌稳转向盘，尽量保持直线行驶，不可过多地来回转动转向盘，不可急转、猛回转向盘，要早转、少转转向盘。否则会使汽车侧滑。

（2）准。

1）驾驶人驾驶姿势和操作动作要准。驾驶人驾驶汽车要两眼平视正前方；胸部稍挺、背部微靠在靠背上；双手应握实转向盘，但不可握得过紧，也不可握得过松；肘关节和腕关节要自然放松，以保持准确的驾驶姿势。起步、挂挡和行驶过程中加减挡、操纵离合器与加速踏板双脚配合时机要准，变速杆推、拉要准确到位，手脚配合要一致协调。行驶中严禁低头注视变速杆。

2）汽车行驶汽车之间的安全距离和汽车制动时制动距离要准，汽车同向或逆向行驶时，两车之间的侧向安全距离要根据车速和路面情况判断准确；汽车前后行驶，两车之间的安全距离要根据天气、路况和车速保持准确制动停车距离，要根据车速和附着系数可测准确。

（3）狠。汽车紧急制动要狠。当遇到预想不到或事先没有发现的紧急情况时，为避免事故的发生，驾驶人踩制动要狠（踩到底）。同时用力拉紧驻车制动操纵杆（大车），使汽车立即停住。

二、 交通事故的预防

154. 道路交通事故的形成原因有哪些?

道路交通事故的形成原因主要有：人的原因、机动车的原因、道路的原因、环境的原因和交通管理的原因。如果单纯从人、车、路、环境而言，它们是 4 个完全不同的概念。但是，这四者在交通系统中有着相互协调、互相依赖、互相作用的密切关系，其中任何一个要素失调，都会导致交通事故以某种形态发生。

（1）人的原因。人是指参与交通行为的所有的人，如驾驶人、骑自行车的人、行人、乘车人等。这些人的交通安全意识和他们的心理素质、职业道德、文化程度等有关。离开人的交通行为，是不可能造成交通事故的。在人的因素中，机动车驾驶人又是主要原因。从道路交通事故类型、交通事故发生的原因分析可以看出，有 80%～85% 的交通事故是由于人的违章行为造成的。因此，机动车驾驶人、行人、骑车人、乘车人均应严格遵守道路交通法律、法规，杜绝交通违法行为，减少和避免交通事故的发生。

（2）机动车的原因。主要指机动车、非机动车、畜力车、残疾人专用车的车况是否符合技术要求。车辆技术性能的好坏，是影响道路交通安全的重要因素。由于车辆技术性能不良引起的交通事故比例并不大，但这类事故一旦发生，其后果一般都是比较严重的，这类事故的起因通常是由于制动失灵、机件失灵和车辆装载超高、超宽、超载及货物绑扎不牢固所致。另外，车辆行驶过程中，各种机件承受着反复交变载荷，当载荷超过一定数量时就可能突然发生意外而酿成交通事故。坚持对汽车勤检查，做好例行保养，使汽车保持良好状态，保证行车的安全。为了预防因机械故障引发的交通事故，要养成出车前和收车后检查汽车的习惯。

━━━━━━━━━━━ **特别提醒** ━━━━━━━━━━━

判定汽车技术状态是否良好的方法

汽车技术状态是否良好，可按主要标准判定：发动机容易启动，运转均匀，动力性能和加速性能良好，无异常响声，温度和压力正常；离合器分离彻底，接合平稳可靠，无异常响声；转向装置调整适当，操纵轻便灵活，工作可靠；驻车制动器、制动踏板调整适当，效能良好，不跑偏，制动距离符合要求；变速器和传动机件无异常响声，无过热现象，工作可靠；仪表、照明、警报、信号及附属装置齐全，性能良好；全车线路齐全，连接及固定可靠；空气滤清器、机油粗滤清器、机油细滤清器、燃油滤清器清洁完好；全车各润滑点滑润充分；轮胎气压正常，搭配合理；蓄电池清洁完整，固定可靠，电解液密度和液位适当；空调装置运转正常；钢板弹簧和减振器性能良好；底盘各部件调整适当；空调装置运转正常；钢板弹簧和减振器性能良好；底盘各部件调整适当，汽车滑行性能良好；全车清洁，无漏气、漏油、漏水现象，各部件连接、紧固可靠；车身正直，车厢坚固，牵引装置工作可靠；随车工具及附件无丢失、损坏和锈蚀现象。

（3）道路的原因。主要表现在交通标识、安全设施不完善；道路线形、视距、转弯半径、车道宽度不符合规定，路面障碍、附着条件差；路基松软、坡度过大等。遇上述情况时，应慢行通过或绕行。

（4）交通环境的原因。主要表现在交通秩序混乱、道路通过能力低，碰撞机会多，车辆的速度差大、道口标准不符合要求以及气候条件的影响。

（5）交通管理的原因。对现有交通法规执行不严；对道路交通的监控、管制、指挥、通信设备不适应当前交通发展的需要。

155. 如何克服汽车驾驶常见不良习惯？

有些交通事故的发生，与驾驶人不良的驾驶习惯有关，特别是脾气暴躁的汽车驾驶人、争强好胜的汽车驾驶人，汽车行驶中遇到不顺心的事，就把交通安全抛到了脑后，带着不满情绪开赌气车，最终酿成交通事故，后悔莫及。

（1）严格遵守通行规则。汽车行驶中的有些烦心事，是由于当事人一方或双方违反通行规则，扰乱了正常的交通秩序而引发的。为了避免这些烦心事给自己和他人带来的心理伤害，在驾驶汽车的时候，首先应该严格遵守通行规则，以免路途节外生枝，引起情绪波动，由于心情不好而丧失理智。

（2）克服不良的驾驶习惯。

1）会车时要礼让。会车时不仅要考虑自己的通行方便，还要考虑对面来车的方便，与人方便，自己方便。夜间会车时，要按照规定使用车灯，在对面来车相距 150m 之外，就要靠右让行，并将远光灯改为近光灯，不要占据道路中间用远光灯直射对面来车。会车时，一方不让或双方互不相让，都会给双方带来不愉快的心情或精神上的烦恼。

2) 不要带着不满情绪超车。有时会遇到这种情况，后车执意超车，前车让车不及时或者故意不让，后车驾驶人情绪冲动，偏要与前车一比高低，为了报复，超越前车后急打方向或猛踩制动，以此来惊吓被超的汽车，如图 8-1 所示。这样的超车情形很容易发生刮蹭事故甚至是碰撞事故。既然是前车不让超，就不要一意孤行，而应当放弃超车。

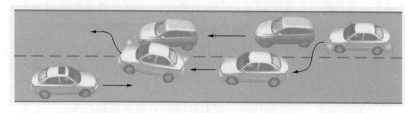

图 8-1 赌气超车

3) 让车就要让出风格。行车中发现后车要超车时，在道路条件许可的情况下，要及时减速靠右让行，为后车超车提供方便，必要时还可以开启右转向灯，以表示礼貌让超，如图 8-2 所示。如果后车要超车，前车故意不让，或者让路不让速，有意给后车超越造成困难，必然导致双方处于斗气的行驶状态。

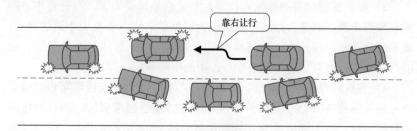

图 8-2 礼貌让超

4) 堵车时不要插队。在交通流量饱和的道路上驾驶汽车，堵车的情况时有发生。开车就怕堵车，此时再有车见缝插队，不仅会加重道路阻塞，还会使其他驾驶人的情绪进一步恶化，从而引起交通纠纷，甚至升级为交通暴力。

5) 不要妨碍他人通行。道路有些驾驶人边开车边接打手机，通行速度缓慢，影响了尾随汽车的正常通过；有些驾驶人在转弯、掉头、靠边停车、驶离停车地点的时候，没有养成使用转向灯的习惯，造成过往汽车和行人措手不及；有些驾驶人或乘车人在路上停车时不注意观察过往汽车就开门下车，或者是停车地点选择不当影响了过往汽车、行人的通行。雨天行车或行经积水路段时，不顾及行人和骑车人，飞溅的泥水殃及他人等不礼貌行为，均不提倡。

156. 如何克服突然操作的坏习惯？

突然操作是行车安全的大忌。突然操作往往使得其他汽车来不及反应，幸运的或可勉强避开，稍有迟疑的则事故就在瞬间发生。

(1) 突然操作的表现。主要包括突然停车、突然起步、突然变道、突然转弯、突然掉头、突然加速等。这些突然性的动作，都可能给安全行车带来严重后果。

1) 突然停车。行车过程中，有的驾驶人不传达任何停车信息，突然一脚制动，就将车停在路上。这时候，若后方汽车跟行距离过近，驾驶人一时没反应过来，汽车制动效率也欠佳，十之八九会引发严重的追尾事故。

2) 突然起步。起步时，有的驾驶人不开转向灯，不鸣喇叭，起步车速也快，好像火烧了眉毛一样赶急。若汽车周围的人或车没有思想准备，难免躲避不及，发生剐碰。

3) 突然变道。有的驾驶人行车，变道总是冒冒失失、直进直出，即便在城市街道、高速公路或车流量较大的路段，也不做变更车道的预示，更不向后观察，猛转方向就将车开进了旁侧车道。那些车道内正常行进的汽车来不及躲避，有可能发生一连串的剐蹭事故。

4) 突然转弯。临近路口，若需转弯，本应预先进入转弯车道，但有些驾驶人临到路口处才突然转弯，好像这时才想起来似的，而且转弯前不打转向灯，也不提前减速，说转就转，转弯的角度还很大。前后驶来的汽车，根本无法预知该车的转弯意图，如反应迟缓，还会引起群体交通事故。

5) 突然掉头。汽车掉头是比较麻烦的动作，突然掉头更是危险。有的汽车看着在正常行进中，却冷不防在车流量较大的路段来个突然掉头，并且车速较快，前方来车和后方跟车往往就躲避不及，撞在掉头汽车的两侧。

6) 突然减速。跟车时，最怕前车突然减速，通常跟行车的驾驶人还没来得及反应，就已撞在前车的车尾上。

(2) 克服突然操作的方法。驾驶操作宜缓不宜急、宜微不宜过。在每次调整方向、线路和速度时，都要有意识地克服突然操作的坏习惯。操作前，应先考虑别的用路者是否能够适应和承受。千万不可随心所欲，否则只会招致不可估量的后果。

应提高预见能力。上路行车，应眼观六路、耳听八方，提高预见能力很重要。首先，开车中尽量往前方远处观察，以便及早发现情况，提前采取措施。如看到前方路口堵车，或红灯亮起，就应及时松开加速踏板，然后根据实际情况踩下制动踏板，缓慢滑行过去。这样不仅安全有保证、节省燃油，车中驾乘人员感觉也很舒服；其次，打方向盘变道之前，一定要注意观察并线方向的情况，确认安全后再打方向并线或超车，打方向时应注意遵循一个原则，即转向跟着眼睛走，也就是说，只有在观察好情况后，才能操作方向盘、制动或加速等；最后，行车中要不时观察汽车周围的情况，并对行车动态进行实时预测，以便根据行车实际作出正确的反应，一般地，汽车后方的情况可通过车内后视镜观察，汽车两侧的情况则可以通过车外后视镜来观察，但观察时眼睛只能迅速一瞥，然后马上回到前方，不能长时间紧盯着看。

157. 如何克服暴躁易怒的坏习惯？

路怒症，顾名思义就是带着愤怒去开车，用以形容开车压力与挫折所导致的愤怒情绪。通常"路怒症"的行为涵盖了一遇堵车就着急上火、开车时骂骂咧咧、一旦被人超车或插队就烦躁、碰到行人乱穿马路很不爽、被人冒犯一心想着还以颜色、故意用不安全的方式驾驶汽车等。

开车需要心态平和、不急不躁，这样才能理性地处理行车过程中所出现的各种复杂情况。性格粗暴或情绪不稳定，都不利于行车安全。克服开车易怒的方法如下。

（1）出行之前，对自身的忍耐力做个"自我评估"。一方面是提醒自己遇到情况要保持克制，提前打"防疫针"；另一方面则是确认自身情绪的稳定程度，如果情绪确实激动莫名，就尽量避免开车。

（2）开车时，学会为自己减压，不要将不良情绪带上车。可以多想些愉快的人或事，或听些欢快轻松的音乐。遇到烦心事，有时多想无益，甚至越想越烦，导致情绪不稳。这时不如从烦心事里跳出来，听听节奏欢快的音乐，多想想开心的事，既是减轻烦恼的妙方，也能转移自己的注意力，不至于长久沉浸在消极情绪里，以致精神恍惚、出现判断失误等行为。

（3）出门前准备周全，错开交通高峰，给自己多预留一些时间。很多时候，赶时间是引发狂躁情绪的主要因素。每次开车如能为出行预留充足的时间，即便遇到交通堵塞等意外情况，也能不慌不忙、游刃有余。比如早晨出门早一点，既可以错开高峰期，还可以有充裕的时间让自己理清一天的工作头绪。

（4）"路怒症"全是心理作祟，关键在于自我调控。比如路遇堵车，无论是接受或不接受，都改变不了堵车的现状，何不采取更积极的心态对待？何况堵的又不是你一个人，别人都能接受，为什么自己不可以？这样一想，或许原先怒不可遏的情绪也会平顺得多。

（5）多些爱心与宽容，心宽才能健康。开车上路，难免碰到彼此妨碍情况，不妨礼让他人。正所谓，赠人玫瑰手有余香，退一步则海阔天空。即便开车时，遇到他人的挑衅，如能做到不接招，不使自己与他人的不良情绪对接，自然也就免受了负面情绪的伤害。

───── **特别提醒** ─────

如何避免开斗气车？

（1）开车时，尽量保持平和的心态。如果发现情绪不稳定，可以深呼吸几次加以缓解。只有保持冷静，才能保证安全。

（2）将自己的气量放大些，学会容忍他人的错误，多给他人一些理解。其实，人谁无过，其他车偶尔冒犯你一下，只要没出什么事故，也没什么大不了的事。何况人家也未必是有意为之，谁也不会无缘无故地招惹别人。

（3）若行车中，自己不小心招惹了别人，不宜无动于衷，而应想法表达歉意。如果惹事后，驾车就跑，任谁都会生气。

（4）遇到故意和你开斗气车的驾驶人，应保持冷静，并尽量避开。如果是因为自己的错误而导致，有可能的话可表示歉意，一般人都能谅解。

158. 如何进行防御性驾驶？

汽车驾驶的防御性措施主要包括两个方面：①在你驾驶汽车时，随时提防那些冒失的驾驶人、行人、骑车人，随时注意行驶前方的情况，预计他们可能给你带来的结果，并随时做好应变的准备；②当你遇到那些冒失的驾驶人、行人或骑车人时，为了他人和自己的安全，还是以主动让道为好，即使是别人的过错，你还是应该容忍。

掌握好空间和时间的关系，采用防御式驾驶车辆，方可确保行车安全。

159. 行车时易导致汽车之间发生交通事故的因素有哪些?

（1）违章驾驶，如酒后驾车、高速行驶、争道抢行、强行超车等。

（2）车距过小，尤其是在雨雪天气极易发生交通事故。

（3）在交叉路口车速太快，闯红灯。

（4）为走近道或躲避障碍，突然驶入逆行道。

（5）在公交车站、学校门口，驾驶人不注意观察且车速过快。

（6）出租车驾驶人看到有乘客在路边招手突然减速，或改变行车方向。

160. 如何预防与公交车发生交通事故?

（1）在行驶中遇到前方有公交车时，应设法超越，不要长时间跟在其后面。由于尾随其后不便观察前方的交通情况，公交车还会经常减速或停车，容易出现险情。

（2）与公交车交会时，尤其是与停站的公交车交会时，应减速慢行，保持较大的安全间距，注意车后进入行车道的非机动车或行人。

（3）公交车停在车站上下乘客时，车前车后经常有闯入道路的行人。为此，遇到车站停有公交车时，应密切注意车前车后行人的动向，并降低车速，多鸣喇叭，防止行人闯入道路。

（4）公交车停靠车站时，有时要占用路边的非机动车道，非机动车会绕到汽车道行驶。驾车经过公交车站时，要注意路边的非机动车，防止发生事故。

161. 如何预防与出租车发生交通事故?

（1）有些出租车驾驶人不顾周围交通情况，只要路边有客人招呼，就会突然驶向路边停车。所以，跟在出租车后行驶时，要保持较大的车间距离，随时做好制动准备，防止出租车突然停车而发生追尾事故。

（2）有的出租车在多车道的道路上行驶时，看到客人后立即变换车道停车。所以，超越出租车时，要注意出租车并线，防止发生撞车事故。

（3）有的出租车驾驶人，由于对周边环境和道路环境都很熟悉，在交通管理薄弱路段经常占道行驶、争道抢行。此时不可开赌气车，应及时避让。

162. 如何预测交通安全险情?

安全行车要有预见性，要经常预测前方可能发生的危险，提前做好准备，以减少事故的发生。通常要注意以下几方面。

（1）预测信号引起的危险。

1）适时正确发出信号，及时改变信号（如转向灯），注意观察其他车辆信号及交通标识；避免信号标识识别不清或识别错误引起的危险。

2）黄灯闪烁时，为预防后车追尾，应多次亮制动灯示意停车。

3）人行横道绿灯闪烁时，应注意行人抢过横道线。

4）前车或前车发出制动信号时，减速避免追尾事故。

（2）跟随大型车辆行驶，应预测到的危险。

1）前车会突然制动减速或停车。

2）大型车前的小型机动车突然左转弯。

3）大型车前的行人、非机动车突然横穿道路。

4）大型车在人行横道前突然制动。

（3）跟随出租车行驶时，应预测到的危险。

1）出租车为载客会突然停车、转弯或掉头。

2）出租车快速行车中的紧急制动。

（4）在交通阻塞道路上缓慢行车，应预测到的危险。

1）摩托车、电动自行车、行人或非机动车从右侧突然绕到车前横穿道路。

2）前车因异常情况紧急制动。

（5）转弯时，应预测到的危险。

1）转弯过急侵占对方车道，影响对方行车。

2）对面来车越过道路中心线占道行驶。

3）滑湿路面发生侧滑。

4）狭窄路面转直角，还要预测到直弯对面的停放车辆突然从对面驶离或行人或非机动车突然从对面出现。

（6）超车时，应预测到的危险。

1）超越前方停放的大型车辆时，应靠近道路中心减速行驶，行驶中要预测到车门可能会突然打开或车辆突然起步，车前会有行人、非机动车突然横穿道路等情况发生。

2）前方遇有非机动车超越停放的车辆时，要预测到非机动车在临近停放车辆时可能会突然大弧度绕行，或由于绕行过急突然摔倒。

3）超越大型车辆前，要预测到对面可能有来车，超越过程中突然减速造成后车追尾，超越后没有行车位置等情况。

（7）通过人行横道时，应预测到的危险。

1）驶近人行横道时，应减速驾驶，遇行人时应停车让行。人行横道内没有行人时，也要预测到可能会有行人或非机动车突然急速通过的情况。有行人通过人行横道时，应预测到有行动缓慢的行人还滞留在人行横道上情况。

2）夜间通过人行横道，遇对面来车没有关闭远光时，应及时减速，预防在两车灯光的交织盲区中看不见行人正在通过。

（8）通过公交车站时，应预测到的危险。通过公交车站时，应减速行驶，仔细观察周围的路况。要预测到有可能会有乘客或行人从公交车前或车后突然横穿道路、非机动车或行人有可能会超越公共机动车、公共机动车会突然起步等情况的发生。

（9）对向或同向车线路变化时，应预测到的危险。

1）工程施工占道，双向车道太窄，没有进入窄道的车辆应在车道宽处停车让行。

2）前方自行车可能占机动车道，应减速靠中心线行驶，应注意安全。

3）前方摩托车可能随时变更车道，注意摩托车动向，保证交通安全，避免事故。

4）对向车道大型车可能越中心线超车，注意让行。

5）转弯处对面来车可能会越过中心线，注意减速让行。

6）对向车道有大型车占道，对向来车可能越中心线行驶，应注意减速让行。

（10）自己的车线路变化时，应预测到的危险。

1）变更车道注意左后视镜死角处，应直接目视观察，避免事故。

2）转弯应控制在安全车速，避免越中心线引起危险。

3）车道并线必须靠左并线，同时注意后车，避免事故。

（11）预测行人引起的危险。

1）行人过街可能会造成前车不完全转弯（车尾未转过），引起追尾事故。

2）注意球后面可能有小孩踢球跑出引起危险，减速慢行。

3）在有儿童和来车的情况下，既要注意儿童又要注意来车。

4）在路两边有大人和小孩的情况下小孩注意力比大人差，多注意小孩一侧。

5）弯道的前方有人行横道预告标线时，应减速并注意观察以避免危险。

(12) 预测车门引起的危险。

从车辆侧边经过时，车门可能会打开引起危险，注意保持侧向距离。

(13) 预测视线死角引起的危险。

1）注意大型车直行或左转弯时后面可能有左转车辆，不要大意。

2）绿灯亮时，由于左转大型车遮挡，不便观察对向左转弯车辆，直行时不能大意。

3）注意行人从等待通行车辆之间穿越的危险。

(14) 预测对方过失引起的危险。

1）指望对向左转弯车停车让行是危险的，应随时准备制动，预防事故。

2）雨天时行人因雨具遮挡视线或避水等行为可能造成危险，应减速保持距离。

163. 如何做好出车前检查？

(1) 检查行车证件、牌照是否齐全，并检查随车装置、工具及备件等是否齐全带足。

(2) 环绕车辆一周，检视车身外表情况和各部机件完好状况，是否有漏油、漏水、漏气、漏电等现象。

(3) 擦拭门窗玻璃、清洁车身外表，保持灯光照明装置和车辆号牌清晰。

(4) 检查燃油箱储油量、散热器的冷却液量、曲轴箱内机油量、制动液量（液压制动车）、蓄电池内电解液量等是否合乎要求。

(5) 检查发动机风扇皮带是否有老化、断裂、起毛等现象，松紧度是否合适。

(6) 检查轮胎外表和气压，剔除胎间及嵌入胎纹间的杂物、小石子，轮胎气压应符合规定。还要注意带好备胎，放置要牢靠。

(7) 检查转向机构是否灵活，横、直拉杆等各连接部位是否有松动。

(8) 检查轮毂轴承、转向节主销是否松动，轮胎、半轴、传动轴、钢板弹簧等处的螺母是否紧固。

(9) 检视驾驶室内各个仪表和操纵装置的完好情况，检查灯光、刮水器、室内镜、后视镜、门锁与升降器手摇柄等是否齐全有效。

(10) 检查转向盘、离合器、制动踏板自由行程和驻车制动器的情况是否正常，离合器踏板、制动踏板自由行程应符合正常规定值。注意转向盘自由转动量不得超过 30°。

（11）启动发动机后，检查发动机有无异响和异常气味，察看仪表工作是否正常。

（12）检查车厢栏板及后门栏板是否牢固、可靠、货物的装载必须捆扎牢固、平稳安全。对拖带挂车的汽车，还应检查边接装置有无裂损、松动、变形等现象，各种辅助设施是否符合规定，以保证牵引装置安全可靠。

164. 如何做好行驶途中检查？

长途行车一段路程或一定时间后，应选择平坦、宽阔、安全可靠、能避风或遮阳的地方停车，进行检查保养，通常在行驶 2h 后进行。在高速路上应选择服务区停车休息，并对汽车进行途中检查。

（1）车辆起步后，应缓慢行驶一段距离，其间应检查离合器、转向制动等各部分的工作性能。

（2）在行驶中，应经常注意察看车上各种仪表，擦拭各种驾驶机件、察听发动机及底盘声音；如发觉操纵困难、车身跳动或颤抖、机件有异响或焦臭味时，应立即停车检查进行必要的调整和修理。

（3）车辆行驶涉水路段后，应注意检查行车制动器的效能。

（4）行驶中发动机动力突然下降，应检查是否冷却液或机油量不足引起发动机过热所致（注意水温高时严禁打开水箱盖）。

（5）行驶中转向盘的操纵忽然变得沉重并偏向一侧，应检查是否因其中一边轮胎泄气所致。

（6）检查轮胎的外表和气压及温度，清除胎间和胎纹中的杂物。检查轮胎温度的方法是用手摸试，手贴上后，感到难以忍受时，属于温度过高。如轮胎温度过高，应停车冷却后再行驶。禁止采用浇冷水的方式给轮胎降温，这样会缩短其使用寿命。

（7）检查冷却液和机油量，有无漏水、漏油，气压制动有无漏气现象。

（8）检查车轮制动器有无拖滞、发咬或发热现象，驻车制动器作用是否可靠。

（9）检查轮毂、制动毂（盘）、变速器、分动器和驱动桥温度有无异常。

（10）检查转向、制动装置和传动轴、轮胎、钢板弹簧各连接部位是否牢固可靠。

（11）检查装载和拖挂装置是否安全可靠。

（12）检查有关总成部件温度时，应在停车后立即进行。

165. 如何做好收车后检查?

（1）停车后，应将驻车制动杆拉紧，并把变速杆挂入一挡或倒挡，自动变速器的汽车应挂入停车挡，以防止汽车自动滑移，发生危险。

（2）熄火前，观察电流表、机油表、水温表、气压表的工作是否正常；熄火后，观察电流表是否有反向漏电的指示（若电流表指针偏向"－"侧，则说明存在漏电现象）。

（3）检查有无漏油、漏水、漏气现象，视需要补充燃油、润滑油和冷却水。

（4）检查轮胎气压，清除胎间及表面的杂物。

（5）检查油水分离合器中是否有积水和污物，注意清除干净。

（6）对于气压制动装置的车辆，应将储气筒内的空气放净并关好放气开关；对于液压制动的车辆，应检查总泵制动液的液面高度。

（7）检查风扇皮带和空压机皮带的松紧度以及完好情况，必要时应进行调整。

（8）检查轮胎螺母和半轴螺母是否松动，并查看钢板弹簧总成是否有折断及螺栓是否松动。

（9）在冬季当气温低于或接近0℃时，若车库内无保温设施，汽车冷却系也未加防冻液，每日用车后应将散热器和气缸水套的放水开关打开，放尽存水，并做短时间的发动，排尽余水，然后关好放水开关。

（10）打扫车厢和驾驶室，清洗底盘，擦拭发动机、各部附件和清洁整车外表，同时查看各部有无破损。

（11）检查、整理随车的工具、附件，并切断电源。

（12）如重车停放过夜，应将车架用木棍顶起，以解除钢板弹簧和轮胎的负重。

特别提醒

上述检查内容，并不是每次出车前、行驶中、回场后都须检查，应有所安排，有所侧重，但至少保证几天内所有内容都能得到检查。

养成收车时检查车况的习惯，有利于及时消除故障隐患，确保下次出车时汽车技术状况的完好。收车时可重点检查汽车是否漏油、漏水、漏气，轮胎气压是否正常或夹有异物，轮胎螺钉是否松动，灯光是否齐全等。

166. 电动汽车出车前还需要检查的项目有哪些?

纯电动汽车的日常检查除按常规汽车日常维护外，还需要检查的项目如下。

（1）检查电动车的绝缘状况应不低于规定的绝缘值，即当周围空气相对湿度在 75%~90% 时，电动车的总绝缘值不低于 3MΩ。

（2）检查空气压缩机、电动机的皮带松紧度，需要时进行调整和紧固，检查空气压缩机组的工作情况。

（3）检查高、低压电源电压是否正常：闭合高压开关、低压开关，低压电压表应为（27±0.5）V，动力电池电压不低于 388V。

（4）检查助力油泵的工作情况和助力油罐的油面高度。

（5）检查电制动、气制动和驻车制动的工作是否正常，管路有无漏气现象，应按技术要求进行检查，即气压为 700kPa，各气动件不工作情况下，经过 30min 后，气压不应低于 600kPa；气制动系统的气压由 0 升至 400kPa 的时间，不应超过 4min。

（6）检查车门机构的工作情况，开关动作是否正确。

（7）检查驾驶室中各种开关、手柄、踏板位置、动作的正确性，自动空气断路器操作是否灵活可靠。

（8）检查仪表显示屏，发现故障报警信息时，应及时报修。

（9）检查动力蓄电池组（或超级电容组）剩余电量，发现电量不足时，应及时充电。

（10）检查完毕应关闭设备舱门。

167. 电动汽车的电动系统专用装置日常检查要求有哪些?

电动汽车的电动系统专用装置日常检查要求见表 8-1。

表 8-1　　　　　　　电动系统专用装置日常检查要求

序号	作业项目	作业内容	作业要求
1	仪表	检查仪表工作状态	（1）仪表工作正常，字迹清晰或指示准确； （2）信号装置报警功能正常
2	驱动电动机离合器	（1）检查离合器工作状况； （2）检查离合器电控系统	（1）离合器应分离彻底，不发抖、不打滑； （2）离合器电控系统表面清洁，线路插件应连接良好

序号	作业项目		作业内容	作业要求
3	动力电池组或超级电容组	壳体	(1) 检查外观; (2) 检查紧固情况	(1) 壳体应清洁、干燥、完好、无损坏; (2) 壳体固定支架应牢固,无松动
		散热系统	(1) 检查风扇工作状况; (2) 检查进风软管状况及固定情况; (3) 清洁防尘网	(1) 风扇应工作正常,无老化、损坏; (2) 壳体进风软管应无破裂、凹痕,卡箍牢固; (3) 防尘网应清洁,无杂物
		预热系统	(1) 检查工作状况; (2) 检查外观	(1) 预热系统应工作正常; (2) 表面应清洁、干燥、完好、无损坏
		管理系统	(1) 检查模块插件固定情况; (2) 检查系统工作状况	(1) 模块插件应插接牢固、无腐蚀; (2) 管理系统数据显示应正常
4	低压电气控制系统	低压电气控制器	(1) 检查工作状况; (2) 检查固定情况; (3) 用风枪或毛刷进行清洁	(1) 控制器应工作正常; (2) 控制器应连接规范、安装牢固; (3) 散热器、电线插头等应清洁、干燥
		冷却风扇	(1) 检查线路连接情况; (2) 检查固定情况; (3) 清洁外观	(1) 线路插件应连接良好; (2) 风扇机体应牢固; (3) 风扇表面应保持清洁
5	高压电气控制系统	驱动电动机	(1) 清洁外观; (2) 检查线路连接情况; (3) 检查固定情况; (4) 检查工作状况; (5) 检查冷却系统	(1) 电动机表面应清洁、干燥; (2) 线路插件应连接良好; (3) 电机安装支架及减震垫应完好、牢固; (4) 电动机运行时,应无异常振动和噪声; (5) 电动机冷却系统应工作正常,无泄漏,冷却液充足
		发电机	(1) 清洁外观; (2) 检查线路连接情况; (3) 检查固定情况; (4) 检查工作状况; (5) 检查冷却系统; (6) 检查皮带工作状况	(1) 发电机表面应清洁、干燥; (2) 线路插件应连接良好; (3) 发电机安装支架及减震垫应完好、牢固; (4) 发电机运行时,应无异常振动和噪声; (5) 发电机冷却系统应工作正常,无异常温度变化; (6) 发电机皮带应无松弛、老化现象

续表

序号	作业项目		作业内容	作业要求
5	高压电气控制系统	高压电气控制器	(1) 检查工作状况； (2) 检查固定情况并坚固； (3) 用风枪或毛刷进行清洁	(1) 控制器应工作正常； (2) 控制器应连接规范、安装牢固、接地良好、插头紧固； (3) 散热器、电线插头应清洁、干燥，控制器舱进、出风道应保持通畅
		主开关	检查工作状况	主开关功能正常，通、断状态良好
		断路器	(1) 检查断路器规格； (2) 检查固定情况	(1) 断路器规格应符合要求； (2) 断路器应接线牢固，无松动
		变频器	(1) 检查固定情况； (2) 清洁外观	(1) 变频器应接线牢固； (2) 变频器应保持清洁、干燥
6	线束及充电插孔		(1) 检查工作状况； (2) 检查固定情况； (3) 清洁充电插孔	(1) 电线、电缆应无松散、破损、老化现象，且绝缘性能良好； (2) 线束捆扎合理，安装牢固； (3) 充电插孔应清洁，并接插牢固
7	汽车标识		检查外观	汽车标识应符合相关要求

168. 电动汽车行车中应如何检查？

（1）汽车运行途中，驾驶人应密切注视汽车驾驶室仪表板上相关警告灯的显示，若出现不正常，即刻停车检查。

为电机及控制器过热警告灯。如果此指示灯点亮，表示电机温度太高，必须停车并使电机降温。在下列工作条件下，电机可能会产生过热现象，例如：在炎热的天气进行长途爬坡；频繁急制动、急加速的状态；拖曳挂车时。

为电机冷却液温度过高警告灯。如果此指示灯点亮，表示电机冷却液温度太高。必须停车并使电机降温。在下列工作条件下，电机可能会产生过热现象，例如：在炎热的天气进行长途爬坡；频繁急制动、急加速的状态；拖曳挂车时。

为 DC/DC 系统故障警告灯，此灯用于显示 DC/DC 模块的工作状态，如果在行驶中此灯点亮，表示 DC 系统存在问题，应立即关闭空调、风扇、收音机等，到检修站检修。

⚠ 为动力系统故障指示灯。当起动按钮处于 ON 时，此灯点亮。如果动力系统工作正常，则几秒钟后此灯熄灭。如果此灯不亮或持续发亮，或行驶中此灯点亮，则表示由警告灯系统监控的电机、控制器等部件中发生故障，必须尽快检查检修。

注意：不要在警告灯点亮的状态下驾驶汽车，即使是一小段距离，否则将毁坏电机。

（2）注意汽车上的安全注意标识。为了避免人身伤害，不要接触电机及控制器的高电压电缆（橙色），及其接头。刚驾驶完的汽车，发动机室电动机、DC−DC、电机控制器、散热器等的温度很高。因此须小心，切勿触摸。管路里的油液温度也同样很高。

（3）发现电机运行突然出现异常振动、噪声、过热、异味、无力等现象，应及时检查排除。

（4）禁止 EV 超载超速，以免电机长期过载损坏。

169. 电动汽车收车后应如何检查？

（1）电动汽车收车后，电动系统专用装置检查要求见表 8-1。

（2）检查动力电池组（或超级电容组）剩余电量，发现电量不足时，应及时充电。

（3）检查设备舱门应处于关闭状态，舱门锁应完好、有效。

170. 如何识别与防范汽车盲区与视野盲区？

汽车后视镜及 A 柱视线盲区如图 8-3 所示。

（1）需要注意的盲区。

1）正前方。如果驾驶人坐在车内，没有留意到儿童（尤其是身高不足 1m 的儿童）跑到了车的正前方，就容易造成意外事故。防范方法：上车前绕车一圈，观察周边，行车时降低速度。

2）车后方。车后方的盲区造成的意外事故很多都是驾驶人在倒车时，没有留意车后方的情况而发生的。汽车后方因为距离驾驶位远且中间阻隔多，所以相对于前方而言，盲区区域非常大。防范方法：利用高科技辅助。在市面上很多汽车都带有倒车影像和障碍物报警系统，这些系统除了在倒车和行驶时给人们带来便利外，同时也能为驾驶人解决"后顾之忧"。但是，仅仅靠高科技辅助还是不够的，还需靠驾驶人平时多留心。

3）侧前方。在驾驶位的左侧只有 A 柱遮挡形成的一个小小的盲区，

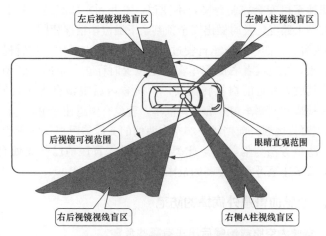

图 8-3 汽车后视镜及 A 柱视线盲区

而右侧则有两处,如此一来,驾驶人的前侧方视野受到了影响。如果不小心,则很可能发生意想不到的事故。既然前侧方向存在盲区,那么在转弯的时候便要格外小心,没有把握应该摆头观察 A 柱后方的情况。防范方法:在汽车开动前,不要只依赖后视镜来观察周边环境,应尽量回头观察,这样能尽量减小盲区的范围。因此,对于习惯倒车时回头观察的驾驶人来说,也必须同时注视两侧后视镜进行倒车。在驾车经过一些诸如儿童非常集中的区域时(如小区内、超市停车场等),要提高警惕,控制车速,以便随时做出反应。

(2)五大必知的视野盲区。

1)视野盲区一。左侧汽车向前行驶时,不易发现右前方人行道来往的行人和非机动车;同样,汽车在右侧的情况也类似。防范方法:驾驶人如遇此类情况,应该"一慢、二看、三通过"。超车时如遇前方汽车紧急制动或者骤然降速,驾驶人应该将汽车降速至可安全控制范围内。

2)视野盲区二。汽车在山区经过弯道时,内侧山体阻挡视野,造成汽车行驶困难,对面来车也会遇到同样的情形。防范方法:驾驶人如遇此类情形,应该将车速降至可安全控制的范围内,不变道,不并到左车道。

3)视野盲区三。汽车在上坡时,由于视野点与坡面形成夹角造成的视野盲区,看不见相对方向的汽车和坡上的其他障碍物。坡上汽车下坡时也会遇到类似视野盲区的情况。防范方法:驾驶人驾驶汽车上坡时应该降低车速至可安全控制范围,不变道,不并到左侧车道,驶上坡后要立即掌控坡上路况,及时做出安全预判,下坡汽车情况相同。

4)视野盲区四。在汽车行驶过程中,汽车的左、中、右后视镜的可视范围有限,左侧或者右侧汽车在特定位置时存在一定的视野困难。防范方法:驾驶人变道前提打转向要,同时看内后视镜有无接近的汽车,看变道后视镜和同侧车窗外部有无汽车,若没有则迅速变道。

5)视野盲区五。前挡风玻璃左右两侧的支撑体阻挡视线所造成的视野盲区。防范方法:驾驶人遇此类情形,进入盲区前已知此处有路口,应提前降低车速至可安全控制的范围内。

三、 心脑血管意外病情的防范

171. 驾驶人空腹或饱餐后出车有哪些危害?

(1)空腹出车的危害性。当人体处于空腹饥饿状态时,体内血糖浓度会下降,神经系统和脑组织细胞由于血糖供应不足,思维活动受到抑制。此时,由于人的定向力与识别能力减弱,会出现心神不定、注意力分散、精神恍惚、头昏眼花、全身乏力等症状。在这种情况下行车,驾驶人往往会因为应变能力差、判断和操作失误而导致事故的发生。因此,在空腹饥饿时,应避免出车;途中饥饿时,应及时停车进食,或吃一些糖果等,稍作休息后,再继续行车。

(2)饱餐后出车的危害性。人吃饱后整个消化系统均处于满负荷工作状态,体内血液较多地供给肠胃以消化食物,使大脑和四肢供血量相对减小。由此同样造成注意力不集中等后果。因此,饱餐后应休息片刻再出车。

172. 驾驶人行车前服药的禁忌有哪些?

交通法规规定,服用国家管制的精神药品或者麻醉品,不得驾驶机动车。驾驶人在服用下列药品后,也不宜驾驶机动车。如因病情需要确需服药,则应严遵医嘱。

(1)抗过敏药。如苯海拉明、异丙嗪(非那根)、氯苯那敏(扑尔敏)、去氯羟嗪(克敏嗪)、赛庚啶等。抗过敏药主要用于治疗各种过敏性疾病,如支气管哮喘、荨麻疹、血管神经性水肿等。因其具有减轻鼻塞、流涕等感冒症状,也被用于感冒的治疗。目前市售的抗感冒药,如日夜百服宁、恺诺、重感灵、新康泰克等,都含有氯苯那敏成分,服用后可能出现嗜睡、眩晕、头痛、乏力、颤抖、耳鸣和幻觉等症状。

（2）镇定催眠药。如安定、氯硝西泮（氯硝安定）、阿普唑仑（佳静安定）等。镇定催眠药服用后可引起嗜睡、乏力、头痛、头晕、运动失调等副作用，严重者可出现视力模糊、精神紊乱、兴奋不安、眼球震颤等症状。服用巴比妥类、水合氯醛等催眠药，可产生头晕、困倦等症，停药2～3日后，仍可能出现以上不适反应。

（3）解热镇痛药。如阿司匹林、水杨酸钠、安乃近、非那西丁、氨基比林等。此类药如使用剂量过大，可出现眩晕、耳鸣、听力减退、大量出汗甚至虚脱等副作用。

（4）镇咳药。如可待因、二氧丙嗪（克咳敏）、右美沙芬（美沙芬）等。服用镇咳药后，可出现嗜睡、头晕等不适反应，过量服用还可引起兴奋、烦躁不安。

（5）胃肠解痉药。阿托品、东莨菪碱和山莨菪碱等。此类药服用后，常出现视力模糊和心悸等副作用，过量服用则出现焦躁、幻觉、瞳孔散大、谵妄和抽搐等中枢兴奋症状。

（6）止吐药。甲氧氯普胺（胃复安）、多潘立酮（吗丁啉）、昂丹司琼（枢复宁）等。此类药物可以引起倦怠、共济失调、惊厥等不良反应。

（7）抗高血压药。利舍平（利血平）、可乐定、特拉唑嗪、硝苯地平、吲达帕胺等。此类药物部分患者服用后可出现心悸、体位性低血压、头痛、眩晕、嗜睡、视力模糊等不适。

（8）平喘药。麻黄碱、异丙肾上腺素、沙丁胺醇、特布他林（喘康速）等。此类药物长期或过量服用可引起震颤、焦虑、心痛、心悸、心动过速、软弱无力等严重的副作用。

（9）抗心绞痛药。硝酸甘油、普萘洛尔（心得安）、异山梨酯（消心痛）和硝苯地平（心痛定）等。此类药物服用后，会有搏动性头痛，在高速行驶或颠簸不平的道路上行驶时驾驶人容易出现眼压、颅压升高等副作用，导致视物不清、头痛、头晕、乏力等症状。

（10）抗微生物药。链霉素、庆大霉素、卡那霉素和新霉素等氨基糖甙类抗尘素及酮康唑等抗霉菌药物。长期或过量服用此类药物的驾驶人，可出现头痛、耳鸣、耳聋、视物不清、颤抖和体位性低血压等不良反应。

（11）降糖药。胰岛素、格列本脲（优降糖）、格列吡嗪（美吡达）、格列齐特（达美康）等。此类药物如使用剂量不当，可导致低血糖反应，出现心悸、头晕、多汗、虚脱等症状。

（12）抗心律失常药。美西律（慢心律）、普萘洛尔（心得安）等。

长期、较大剂量服用抗心律失常药物，可出现头痛、眼花、耳鸣和低血压等不良反应；剂量过大时可产生心动过缓、传导阻滞甚至低血压昏厥。

173. "三高"人员驾驶汽车的注意事项与禁忌有哪些？

若驾驶人患有高血压、高血脂、高血糖，驾车时应注意以下事项。

（1）经常检测身体生化指标，达到较高危险值时，禁止驾驶汽车。

（2）驾车时注意车内空气流通，保持车内氧气的充足，禁止车内一氧化碳和二氧化碳超标，禁止汽车尾气泄漏进入驾驶室内。

（3）按时服药，随车携带降压片、硝酸甘油、速效救心丸、胰岛素等必备药品。血糖高的驾驶人应随车备有必要的食品和饮料。

（4）行车中感觉头晕、眼胀、耳鸣等情况时，应及时靠边停车，静止休息和服药，待身体状况恢复后再驾车，禁止在有病症的状况下坚持驾车。

（5）行车中要保持心态平静，坚持中速行驶，禁止疲劳驾驶，禁止开赌气车，禁止开怄气车，应控制好自己的情绪。

174. 当周围有人可能发生脑血管病时如何急救？

脑血管病可分为缺血性脑血管病和出血性脑血管病两大类。如果周围有人发生头痛、头晕，或是突然倒在地上，这时需要判断病人是否发生了脑血管病，应该采用以下步骤。

（1）首先，可以先让病人躺在地上，观察其神志是否清楚，是否能回答问题。发生脑血管病的病人如果病情严重，往往会出现意识障碍，出现意识不清。

（2）然后将其衣服解开，保持呼吸畅通，同时解开腰带，使呼吸没有阻力。如果病人想要呕吐，要避免呕吐物造成气管堵塞。这时可以让病的头转向侧面，防止呕吐物流到气管中。如果病人戴有假牙，要把假牙取出。如果这里，病人神志不太清楚，可以用纱布包裹一个压舌板，或是类似的东西，塞进病人的嘴里，保持通气顺畅，以防止病人鼻腔堵塞的时候发生气道阻塞。

（3）再看病人的四肢是否运动良好；让病人握住你的手，看看他是否有力气。如果发现病人有一侧肢体没有力气，不能自主运动，那么就要首先考虑病人得的是脑血管病。

（4）让病人继续平躺，同时拨打急救电话。

175. 如何防范冠心病？

冠心病是冠状动脉性心脏病的简称，是一种由于冠状动脉固定性

（动脉粥样化硬化）或动力性（血管痉挛）狭窄或阻塞，发生冠状循环障碍，引起心肌缺血缺氧或坏死的一种心脏病，也称缺血性心脏病。可分为 5 个类型：①隐匿型或无症状型冠心病；②心绞痛；③心肌梗死；④心肌硬化；⑤猝死。其中最常见的就是心绞痛和心肌梗死。

（1）冠心病常见症状。典型的不稳定性心绞痛的症状就是胸骨后疼痛，是持续几分钟之内可自行缓解或是含服硝酸甘油等药物半小时可以缓解的疼痛。但如果心前区疼痛持续时间长，超过半小时且含服硝酸甘油等药物以后疼痛不能缓解，这时需要考虑是否发生了心肌梗死。

（2）当周围有人可能发生冠心病时应急处置方法。当周围有人出现持续性的胸前区胸闷或胸前区疼痛时，应该让病人平躺，采取平卧位，以减少不必要的耗氧。在将病人放平时，需要保护病人颈部，以防颈部损伤。如果病人备有急救药，如硝酸甘油，让病人舌下含服一粒。同时触摸病人颈动脉，观察病人脉搏情况。颈动脉的位置在喉结旁 $1\sim2$cm 处，可触及搏动。

（3）进行了相应的处理后，一定要开窗通风，保持室内空气清新。如果条件允许，还要给病人吸氧。如果症状不缓解，病人出现大汗、面色苍白、呼吸急促等症状，就应想到心肌梗死的可能性，应立即拨打电话 120（全国通用的急救中心求救电话），并解开患者的衣领，以保持呼吸通畅。有条件的要测血压并记录每分钟心脏跳动的速率和节律，以供医生赶到时作参考。在医生尚未赶到时，如果病人出现血压下降、脉搏快而细弱、意识不清、表情淡漠甚至昏迷的，为赢得抢救的机会应立即进行人工呼吸与胸外心脏按压。

176. 高血压急症的急救方法有哪些？

高血压急症是一种极其危急的症候，常在不良诱因影响下，血压骤然升到 200/120mmHg 以上，出现头痛、呕吐、胸痛、视力模糊、面色苍白或潮红；两手抖动、烦躁不安等症状，可以持续数分钟或数天，严重的可出现暂时性瘫痪、失语、心绞痛、尿混浊；更重的则抽搐、昏迷。

当病人血压突然升高时，不要在病人面前惊慌失措。让病人安静休息，头部抬高，取半卧位，尽量避光。如果有血压计，给病人量血压，如果发现血压很高时，可以给病人舌下含服心痛定（硝苯地平）。心痛定起效迅速，可以使血压较快地降下来。如果这个措施不能解决，应迅速拨打 120 或备车送往医院。在去医院的路上，行车尽量平稳，以免因过度颠簸而造成脑溢血。

177. 汽车行驶途中突发心梗时，该如何自我急救？

驾驶人行驶途中突发心梗时，如果一时孤立无援，就应抓住宝贵的黄金 10s 来进行自我急救，以保证自己的生命安全。通常可以采用深呼吸咳嗽的方法来作为一种应急自救术。具体方法如下。

（1）引导其他汽车避让。当驾驶人行驶途中突发心梗汽车没能在路边停靠时，应迅速打开双闪灯，以引导其他汽车赶快避让。

（2）自我急救的方法。在迅速打开双闪灯的同时，要用力不停地咳嗽。且在每一次咳嗽之前，均应深吸一口气（最好打开车窗，使车内空气保持新鲜），然后再用力地、深深地、长长地咳嗽，类似于将淤积在胸腔深处的痰咳出来一样，每一次咳嗽过程可以持续 2s 左右，然后重复该动作，直到心跳恢复正常为止。

（3）及时告知有关人员。采用上述方法进行急救时，一旦感到状况有一定的好转以后，则可在一边继续咳嗽、一边就可以通过手机及时将自己现在的实际情况与当前所处的位置告知家人或朋友。对于具有安装有 GPS 功能汽车，则可以按下紧急按钮，以请求急救车尽快赶来救援。

四、防"碰瓷"行骗与交通纠纷处理

178. 如何识别汽车"碰瓷"行为？

所谓"碰瓷"，就是故意撞别人的汽车或人，然后装作受伤的样子来讹诈对方。识别"碰瓷"的方法在于能区分出不正常的事故情形。

（1）团伙"碰瓷"的特点。

1）团伙"碰瓷"是多人勾结犯罪，成功率较高。一般有 3 人以上结伙作案，事先有分工，通常由一人假扮被车撞或挂倒，不久将会有一个以亲戚或同事身份的人出来与驾驶人理论，并且态度强硬，再接着另一个同伙冒充第三者帮腔。

2）"碰瓷"车通常会紧跟目标车，多把目标对准粘贴有"实习"标志的新手驾驶的汽车、外地汽车、只有一人驾驶的汽车。

3）这些人一般不愿报警，尽管态度蛮横，但很快就会提出要与驾驶人私了。

4）"碰瓷"地点一般选在非繁华但又有行人横穿道路的地方，而这些地方通常没有交警值班。

（2）"碰瓷"的两种情形。"碰瓷"行骗大致上可以分为利用汽车来

"碰瓷"和利用人来"碰瓷"两种情形。

1）利用车来"碰瓷"。作案团伙利用报废的中高档的二手轿车翻新之后充当作案工具，采用紧急制动、急打方向等方法，故意制造汽车追尾或剐蹭事故，然后向他人索要大笔赔偿。如在目标车变道或转弯时，猛踩加速踏板撞上去，与目标车轻轻剐蹭，但车上零部件会出现严重断裂或破损，然后以此索取修理费。此类案件多发生于比较偏僻的路段和夜间照明不良的路段。或者故意开在目标汽车前面，与目标汽车贴得很近，然后找机会紧急制动，造成被目标车追尾的结果。

2）利用人来"碰瓷"。作案团伙在汽车行经非机动车道、人行横道、交叉路口且车速比较低时，突然有人冲到汽车的前方被撞伤，立刻有围观的人员借机向驾驶人敲诈钱财。

（3）"碰瓷"的特点。无论是撞车事故还是撞人事故，都有一个共同的特点，事故发生之后，驾驶人马上就处于被围攻的态势，而且驾驶人是事故的唯一责任人。对于第一种情况，如果你感到对方是有意制造碰撞事故，而且对方车上有多个年轻力壮的随从人员，自己势单力薄不安全，那就应该锁闭车门，同时使用电话向交警部门报警。对于第二种情况的发生，如果发现当时对方的人较多，明显是串通一气的，自己行车又没有违反通行规则，就要立刻报警，不能因图省事而上当受骗，不管周围人怎么讲，应坚持要将被撞者送医院检查，同时报交警来处理事故现场。不要让"碰瓷人"的阴谋得逞。当然，如果确实是自己不慎开车撞倒了行人、骑车人，出于人道，要诚恳地给对方检查治疗。但是，事故的处理还是按照正规程序，要经过交警部门和保险公司。

179. 如何识别"碰瓷"的手法？

（1）高速路上故意缓慢行驶。往往"碰瓷"汽车会故意在中间车道缓慢行驶，迫使受害汽车不得不借道超车。而在受害汽车超车的瞬间，"碰瓷"汽车便开始作案。而此时尽管超车者的汽车带有行车记录仪，但由于行车记录仪并不能拍摄到后方的情况，加上对方的一系列手脚，可以说是"人证和物证俱全"，说也说不清楚。

（2）受害汽车往往只听到响声但没感觉震动。因为这类"碰撞"都是"碰瓷者"利用弹弓射击车身制造碰撞异响的，如果只听到车身有异响，但并没有感觉发生碰撞，那么很大可能就是遇到"碰瓷党"了。

（3）"撞"坏的往往是后视镜。因为是在受害汽车超车的时候做的"手脚"，因此后视镜成为他们"下手"的地方。大部分"碰瓷党"都会事先将后视镜弄坏，然后在靠近受害汽车与驾驶人理论时趁机将受害汽车右后方刮花，制造出"证据"，来个"人赃并获"，让超车者无法抵赖。

（4）以各种理由推脱、极力拒绝报警处理。当受害人提出报警解决之后，这些"碰瓷党"都会以各种理由极力推脱、拒绝报警。大多数以赶时间、报警耽搁太久为理由。如果这时超车者同意私了，那么也就意味着超车者身上所有的现金即将被骗走。因为"碰瓷党"首先都会开口要价很高，如果超车者身上带的钱不够的话，就让超车者有多少现金赔多少，剩下的就"不计较"了。

（5）高速服务区的"碰瓷"手法。这类"碰瓷"事件发生在高速公路的服务区，也都是团伙作案，"碰瓷团伙"有两人，一个负责转移驾驶人注意力，一个负责假装被"撞"的受害者。"碰瓷"通常发生在受害车要驱车离开高速服务区的时候，当驾驶人驶出车位或者从停车场驶过的时候。这时第一个假装路人的"碰瓷"同伙会突然在路中间走过以吸引驾驶人的注意力。当驾驶人一心将注意力放在躲开第一位"碰瓷者"时，第二位在一旁假装打电话的"碰瓷者"见时机成熟，便迅速出现在驾驶人的汽车侧前方，假装脚被车轮压到或者是人被撞到，并要求私了赔偿。

特别提醒

坚持报警很重要

（1）如果确认遇到了"碰瓷团伙"，坚持报警很重要，警方接到"碰瓷"警情会迅速出警。"碰瓷者"虽会极力阻挠报警，但是只要拨通报警电话，他们就会以事急为由，迅速逃离现场。

（2）如果处于被围攻的态势，为了自己的人身安全，应该立刻回到车内，紧锁车门，并告诉"碰瓷人"警察马上就到。然后关闭车窗，等待警察到来。在警察没有到来之前，不要过多地单独与对方交涉，更不要与对方争吵，要耐心地等待。

（3）视现场情况而定，如对方强硬带停汽车，并采取暴力手段，那就不要激怒对方，为确保自身安全可讨价还价适量给钱，留意作案汽车及人员特征，事后及时报警。同时尽可能使用转账方式，不要给现金，以便查证。

（4）一些惨无人道的职业"碰瓷团伙"，为了骗取大额赔偿，故意残害儿童，让带着伤残的儿童，一次又一次地在马路上为他们充当"碰瓷者"。这种情况更是必须报警，让公安机关来打击这种诈骗团伙。

180. 如何防范汽车"碰瓷"?

（1）及时报警寻求帮助。"碰瓷者"往往利用驾驶人遇事怕麻烦的心理借机敲诈。所以，在遇有涉嫌"碰瓷"的交通事故时，一定要及时报警，请交警协助解决。遇上"碰瓷专业户"，此招较管用。

（2）危险路段加倍小心。驾驶人在危险路段行驶时，一定要精力集中，不要有交通违章行为，以防授人以柄。一旦遇上有人找茬"碰瓷"，首先要确认交通事故与自己有没有关系，注意保留现场证据，要想方设法留住目击证人。

（3）不要碰倒地的"伤者"。撞车族利用的就是人们怕麻烦、息事宁人的心理，因此遇上撞车族时不能轻易妥协。如果怀疑是"碰瓷者受伤"躺在地上并提出赔偿要求，千万不要去碰他，也不要轻易给赔偿。

（4）如果是轻微事故，可以先根据交通事故快速处理办法撤离现场，同时报警，由交警调查处理。交警在接警后会核实相关资料，能及时发现疑点。轻微事故时，一旦发现驾驶人报警，很多"碰瓷者"就会自动放弃索赔。

（5）谢绝"好心人"。"碰瓷者"往往都是两人以上或更多人团伙作案并有分工，有专门"碰瓷"的，有混在围观人群中假装调解的，还有负责放哨的等。当"碰瓷者"与当事人僵持不下时，就会出现"好心人"上前"说和"。此时，驾驶人一定不要听从这些"好心人"的劝解。

（6）向保险公司报案。按规定，所有汽车都购买了交强险，保险公司接报后也会派人员到现场勘察，并由保险公司承担相关损失。

（7）先去医院为伤者检查。驾驶人遇到"碰瓷者"，可提出先去医院检查，同时尽快通知自己汽车的投保保险公司，随后应保管好相关票据和事发地交通事故办案部门证明材料。这样可最大程度避免或减小自己的损失。

（8）保存证据。在报案的同时，应及时对证据进行保存，如用相机、数码摄像机、手机等将现场情景拍摄下来，若有行车记录仪会更方便且有力。

━━━━━ **特别提醒** ━━━━━

可以考虑在车上加装行车记录仪，它可以通过视频和音频的方式记录汽车前方的情况，为证实汽车被盗抢、"碰瓷"提供有力的证据，有利于解决交通纠纷、交通暴力、交通事故、汽车保险理赔等方面的问题。

181. 如何防范暴力抢劫？

有些歹徒为了实施财物抢劫，故意在道路上制造暴力事件，如图 8-4 所示（见文后彩插）。如果在行车时遇到恶意寻衅滋事、制造事端的人，既不要畏惧也不要冲动，要沉着机智，可在拨打 110 报警的同时，用手机的照相功能和录音功能提取证据，记录清楚滋事方的体貌特征和汽车号码，以便为警方立案查处提供线索和证据。

为了预防行车途中的暴力抢劫，平时可以把报警器的遥控器与点火开关钥匙公开携带，路途遇到劫匪暴力抢劫汽车时，首先要确保自身的人身安全，不与劫匪纠缠。在下车后立即报警，然后用遥控器起动报警器，并请求过往汽车跟踪劫匪，再设法迫使劫匪弃车而逃。

━━━━━━━━━━ **特别提醒** ━━━━━━━━━━

遇到暴力抢劫，财产安全和人身安全都面临着危险，保证人身安全才是最重要的。不要为了财产安全在与犯罪分子的争斗中，让自己的生命安全受到威胁。

第九章　汽车驾驶意外险情的应急逃生技巧

一、意外险情应急处置原则及方法

182. 应急避险的原则是什么?

汽车在行驶中,道路上的各种交通情况在瞬间发生变化。在行车中遇到紧急情况时,驾驶人必须做到头脑清醒、沉着,这样才能判断准确,反应迅速,采取措施果断。每种紧急情况都有相应的措施,只要我们驾驶操作应急得当,就可以减轻或免除事故的危害。反之,则会加大事故的损失。为了防止避险失当加重事故后果,行车中应遵守下列处置原则。

(1)先顾人后顾物。首先要避开道路上的人员,宁可汽车和财物受损,也要保全人的生命安全。在危险情况下,车辆要向物的一方避让,不可向人员一方避让。

(2)避重就轻,减小损失原则。当险情发生时,尽量减小事故损失。在紧急避险时,汽车应靠近损失较小或危害较轻的一方避让,避开损失较大或危害较重的一方。如何能避免重大事故、重大损失,就如何处置,可以不受交通法规的限制,以减轻事故损失后果。比如,道路右侧情况复杂,人员较多,而道路左侧情况简单或人员较少,紧急避让时,就应紧靠左方,以减轻事故的损坏后果。

(3)先人后己原则。所谓先人后己,就是当自车和他车有可能发生危险时,应为对方提供便宜的避让措施,把危险的避让措施留给自己。当险情危及人员生命时,驾驶人要宁愿牺牲自己也要保护他人生命安全。例如,公交汽车发生严重的侧面相撞时,驾驶人应迅速打方向变为车头相撞,从而保护乘客的安全。一旦事故发生,驾驶人应先抢救处在危险中的乘客或受伤人员,不得为保护自身安全而擅离职守。当车辆起火或有爆炸危险时,驾驶人应奋不顾身地将危险车辆驶离人群、工厂、村镇,尽量减少事故车辆对人民生命财产的威胁。当发生人员伤亡的重大事故时,驾驶人不顾受害者生命安危,不但不尽义务保护现场,反而破坏、伪造现场,嫁祸于人或驾车潜逃,都是严重违法的行为。

(4)控制方向与制动原则。为了规避和减轻交通事故的程度和损失,最有效的措施无非就是减速和控制好行驶方向。

1）低速时，重方向、轻减速。若在遇到紧急情况时车速较低，应考虑先方向后制动，因为利用转向避开障碍物总比停车要有效得多。所以，在道路交通允许的前提下，应尽可能优先考虑方向，避免碰撞。同时采取有效的措施，降低车速，直至停车。

2）高速时，重减速、轻方向。在车速较高可能与前方汽车发生碰撞的时候，驾驶人要先制动减速，后转向避让。先制动减速，可以减少碰撞的能量，还可以获取应急处置的时间。如果先采取转动转向盘的方法避让，处于高速行驶状态下的汽车很容易操纵失控，甚至出现翻车的危险后果。

特别提醒

如果高速时急转方向，往往使本可避免的事故变得无法避免，甚至使本车产生侧滑相撞或在离心力作用下倾翻。

183. 驾驶人如何进行自身保护？

（1）当汽车发生迎面和追尾碰撞时，应迅速判断可能撞击的方位和力量，如果撞击的方位不在驾驶人一侧或撞击力量较小时，驾驶人应用手臂支撑转向盘，两腿向前蹬直，身体向后倾斜，以免头撞前风窗玻璃受伤。

（2）如果判断撞击的部位临近驾驶座位或撞击力时较大，则驾驶人应迅速避离转向盘，同时两腿迅速抬起，以免转向机后移时受到挤压。当车与车发生侧面相撞或碰擦时，可立即调转车头方位或顺车转向，让车身部分与来车相撞，或使驾驶人乘坐部位的侧面相撞变成碰擦，以减轻损伤程度。

184. 汽车发生交通事故后车内人员自救和向外逃生的基本原则是什么？

（1）保持头脑清醒。当汽车发生交通事故后，车内驾驶人应保持清醒的头脑，要迅速熄火、开门、报警，根据"先人后车"的原则，组织车内人员逃生。如果有人受伤，及时拨打110、119、120。乘客也要保持冷静，实施自救和他救。

（2）向外逃生的方法。

1）如果汽车损坏严重无法打开车门，则可以通过车窗（有天窗的汽车也包括天窗）逃生。可以使用安全锤在玻璃窗四角猛击，然后用手推开碎玻璃就能够逃生。

2）如果一时找不到安全锤，也可以采用车内的大件物品，如灭火器，甚至女士的高跟鞋底等都能够临时充当安全锤使用。

185. 如何运用汽车灯光进行求援？

运用闪灯的办法提醒前后方汽车及行人是一种较好的方法。

（1）大灯闪一下：提示前方汽车让出车道。在十字路口等车，当绿灯亮时，有时候会遇到前车纹丝不动的情况。也许是新手，因紧张而起步慢；也许是前车驾驶人没有留意指示灯的变化，等红灯时走神了。在遇到这种情况时，狂按喇叭显然不是合适的做法，我们可以用闪大灯的方式代替"粗暴"的按喇叭，大灯闪一下，通常情况前车就能意识到，如果还没有动静就再闪一下，切忌连续闪大灯，这样对人是不尊重的，容易引起前车驾驶人的逆反情绪。大灯闪一下也可用在前车由于一时走神或者对路况不熟，车速缓慢，挡住后车继续前进的路，此时后车驾驶人可以把大灯闪一下，提示前车驾驶人让道。

（2）大灯闪两下：表示不满。遇到强光闪眼，很可能是对方忘了关远光灯，车友们可以在交会前的一段较远距离内闪两下大灯，提醒对方会车时要切换灯光，如果对方无动于衷，车友们可以亮起双闪灯以表示不满，提醒对方"您闪到我了，请切换近光灯"。

（3）大灯闪三下：提醒前车进行检查。如果发现前车的车门没有关好、尾灯不亮、轮胎没气等情况，我们可以对前车连闪大灯三下，提醒前车停车检查汽车。汽车在行驶过程中，车内的人很难发现车身外部的一些情况，如后备厢或车门存在异常、胎压不足等。这样的行车随时会发生危险，甚至波及旁车，因此一个善意的提醒还是很有必要的。

（4）连闪大灯：拒绝旁边汽车的并道要求或提醒行人或非机动车其所处的是机动车道。遇到汽车变道时，如果双方没有达到一种无形的协议，则很容易发生剐蹭或者追尾的事件。此时变道汽车往往处于本车的左前方或者右前方，因此使用前大灯的闪动是否告诉对方你是否同意变道是直接的方式。随意横穿马路的行人或者非机动车会对行车造成安全隐患。如遇到上述情况，应该减速并通过连续闪烁大灯来提醒行人或非机动车。

（5）阶段性亮制动灯：勿跟车太紧。在高速公路上开车，保持适当的安全距离是避免事故的有效方法。但有时候有的人在高速公路上喜欢跟车，而且保持的距离比较近，遇到这种情况，前车驾驶人一定会分散一部分注意力来"关注"后车，免不了要担心后车会不会因为制动不及时而撞上自己。前车驾驶人想办法给后车一点儿警告，告诉后车不要紧跟着自己，这时就要用到制动灯。在高速公路上行驶的过程中，制动灯有另一种用法，即在后车距离自己车太近的时候，前车驾驶人可轻踩制动，提示后车"您离我太近了，应该远点。"

（6）一声鸣喇叭、一下远光：我有急事，请让一让。俗话说"人有三急"，在行车过程中，及时把自己"有急事"的这个信息传递出去，对自身和周边汽车都是一种保护。对于其他汽车来说，合理避让，也是为自身安全着想。

（7）三下远光加双闪：紧急求救。所谓"远亲不如近邻"，在行车过程中要学会擅用灯光求救，其优势是操作简单而且传递范围广。

二、轮胎爆裂

186. 轮胎漏气时如何避险？

发现轮胎漏气时，应该紧握转向盘，慢慢制动减速，并逐渐靠边行驶，停放在路边的安全地点，如图 9-1 所示（见文后彩插）。若故障出现时，驾驶人粗暴如紧急制动，就很可能翻车或造成后车制动不及而追尾。

─────●**特别提醒**●─────

平常，除了检查轮胎有无伤痕之外，还要注意检查轮胎是否存在慢跑气的现象，因为时间一长会加快轮胎磨损。如果有怀疑，应该找个专业的维修点，把轮胎拆下来仔细检查。

─────────────────

187. 轮胎爆裂时如何避险？

爆胎是行驶时较为多见的危险状况，行车途中轮胎突然爆裂，驾驶人若能双手紧握转向盘，仍可控制汽车。尽量使汽车保持直线行驶，不要紧急制动，用点刹的方式将汽车停放在路边不妨碍交通的地方，并开启危险报警闪光灯，并在车后设置警告标识，如图 9-2 所示（见文后彩插）。

（1）前轮爆胎。在汽车行驶的过程中，如果前轮突然爆裂，就会产生一股强大的力量使汽车倾爆胎的那一边，感觉转向盘既重又难以控制，直接影响驾驶人对转向盘的控制。因前轮爆胎使汽车偏离行驶方向的时候，驾驶人要双手紧握转向盘，尽力控制汽车直线行驶并开启危险报警闪光灯。不可过度矫正，更不能反复猛打方向盘。若过度矫正，强大的离心力会导致汽车侧翻。要注意不能急踩制动踏板，等汽车速度逐渐慢下来后再轻打方向盘，驶向路肩区后，再将车停住。车停稳后，在行驶方向的后方设置故障车警告标识，夜间还应打开示廓灯、后尾灯，并通过电话请求援救，不要试图自己去修理。这样容易给自己带来危险。

───── **特别提醒** ─────

　　轮胎爆破的瞬间，方向会偏向爆胎一侧，应适当地向另一侧转动转向盘，防止跑偏，但不能回转过多，以防汽车出现蛇行而失去控制，甚至与他车或防护栏相撞。

　　（2）后轮爆胎。如果是后轮爆胎，汽车也会出现较大颤动，使汽车倾向爆胎的那一边，但轮胎倾斜度不会太大，方向也不会出现大的摆动。这时应双手紧握转向盘，采用松加速踏板、减挡的方式，在减速的过程中，可以间断地轻踩制动踏板。这样可以把汽车的重心前移，让前胎承受压力，减轻后轮胎的负担。只要驾驶人操作得当，通常都可以使汽车保持直线行驶，将车开往路边的安全地点。

───── **特别提醒** ─────

　　后轮爆胎与前轮爆胎产生的后果有所不同。前轮爆胎直接导致车轮偏转，瞬间造成汽车行驶跑偏，而且需要较大的操纵力才能矫正这种跑偏。由于后轮不是转向轮，后轮爆胎的时候不至于直接使前轮偏转。但是，当后轮爆胎的时候，车身后部支撑不稳，车尾会摇摆不定，造成行驶摆头，也会间接导致汽车的行驶跑偏。同样不可大幅度或者频繁地修正方向，以免汽车倾覆。

188. 如何预防爆胎？

　　机动车爆胎时往往没有什么预兆，但却是可以预防的，如果不能正确使用和保养轮胎，机动车在高速行驶时，就有可能爆胎，造成恶性交通事故。预防爆胎的方法如下。

　　（1）要经常检查轮胎气压的高低，还要检查固定轮胎的螺帽是否松动。

　　（2）应避免高速长时间连续行驶，要适当降低汽车的行驶速度，杜绝汽车超载行驶。

　　（3）不同规格、不同品种的轮胎不要混用，以防因受力不均匀或磨损程度不一样而引起爆胎。尽量使用真空轮胎，因为无内胎轮胎表面涂有密封层，能减少漏出的气体量，爆胎现象相对也比较少。

　　（4）尽量减少频繁使用紧急制动。

　　（5）发现轮胎温度偏高时，应及时将汽车停到阴凉处，使其自身降温，此时不可临时放气或向轮胎泼冷水。

（6）每次出车前，应该围绕汽车转一圈，查看车轮气压是否正常。

189. 如何从使用方面防止轮胎爆裂？

正确合理地使用轮胎，对于延长轮胎的使用寿命，防止轮胎的爆裂，具有直接的作用。

（1）起步不要过猛。尤其是轿车，如果起步过猛驱动轮会相对地面滑转，加速轮胎的磨损。

（2）尽量避免紧急制动。紧急制动不仅会加剧轮胎的磨损，而且容易引起轮胎的脱胶和爆裂。

（3）合理控制车速。车速越快，汽车行驶中轮胎受到的冲击力就越大，轮胎的使用寿命就越短。尤其是汽车在不平跸面行驶的时候，或者跨越沟坎的时候，更要谨慎慢行，否则则有可能导致轮胎的开裂以及轮盘的变形。

（4）控制轮胎温度。在汽车的行驶的过程中，轮胎因变形和摩擦而发热，若胎体温度过高，胎体强度会大大降低，容易引起轮胎的脱胶、爆裂等损坏。在高温天气行车或者汽车长时间连续行驶的情况下，要注意检查轮胎的温度。如果发现轮胎的温度过高，要暂时停车休息，待轮胎自然降温之后，再继续行驶。

（5）防止轮胎超载。载货或者载人不要超过规定的标准，装载质量分配要均衡，不要偏左、偏右或偏前、偏后；对于后轮为双轮胎的汽车，轮胎的磨损程度以及充气压力要保持一致，以免造成其中一只轮胎的过载。

190. 如何从轮胎的维护方面防止轮胎爆裂？

使用与保养相结合，才能延长轮胎的使用寿命，最大限度地减少轮胎爆裂的可能性。

（1）保持正常的轮胎气压。一般轮胎 4～5 齿着地为正常气压，如图 9-3 所示。正常的轮胎气压是确保轮胎性能的重要条件。轮胎气压过低，轮胎滚动时剧烈的变形会使胎体损伤，甚至直接导致轮胎破裂。轮胎气压过高，行驶中聚集的摩擦热会使轮胎气压进一步上升而引起爆胎。因此，当发现轮胎压力过低的时候，应该及时对轮胎进行补充充气。在对轮胎进行充气的时候，要用轮胎气压表检验充气压力是否符合要求，以免轮胎气压力过低或者过高。

（2）及时清除胎体的异物。汽车行驶中路面上的石子、铁钉、玻璃碎块等异物会刺破胎面，嵌入胎体中。因此，要经常检查轮胎表现的伤痕，清除胎体表面的杂物。发现严重损伤的轮胎，要及时更换。

（3）适时进行轮胎换位。轿车大部分是发动机前置、前轮驱动，前

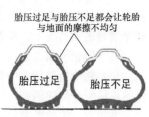

胎压过足与胎压不足都会让轮胎
与地面的摩擦不均匀

胎压过足　胎压不足

4～5个齿着地为正常胎压

图 9-3　轮胎气压

轮的负荷大，因此前轮的磨损比后轮明显。轿车和微型客车以外的汽车，通常后轮负荷大，后轮比前轮的磨损明显。所以，要根据轮胎的磨损规律和磨损程度，对轮胎进行适时的换位。轮胎换位的方法有交叉换位法和循环换位法两种，分别如图 9-4 和图 9-5 所示。交叉换位法适用于经常在狭窄的拱形路面上行驶的汽车；循环换位法适用于经常在宽阔平坦的路面上行驶的汽车。

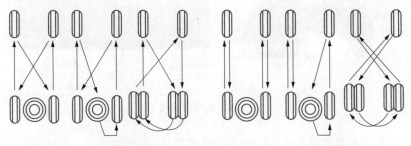

图 9-4　交叉换位法　　　　　图 9-5　循环换位法

191. 如何从轮胎的选配方面防止轮胎爆裂？

（1）轮胎的报废。轮胎漏气要修补或更换内胎。轮胎花纹深度磨损至只有 1.6mm 的时候应该报废。虽然轮胎花纹深度大于 1.6mm，但是胎面出现异常磨损时也应该报废轮胎。

（2）轮胎的更换。如果换用的是新轮胎，可全车统一更换。如果只是部分更新，应该前轮装用新轮胎，后轮装用旧轮胎，以确保汽车转向的可靠性和稳定性。双胎并装的后轮，要尽量选用磨损程度相同的轮胎，或者将磨损较轻的轮胎装于外侧。

（3）轮胎型号的选择。选配轮胎的型号应该与原车一致。因为，不同型号轮胎的尺寸、帘线层数、胎面花纹会有所区别。

（4）轮胎种类的选择。汽车轮胎分为有内胎式轮胎和无内胎式轮胎。有内胎式轮胎的内胎被外胎和衬带包裹，不利于散热，因此在夏季长时间连续行驶的情况下，轮胎爆裂的可能性较大。无内胎式轮胎散热性能好，对于防止因温度过高而导致的轮胎爆裂具有较好的效果。

（5）轮胎负荷指数、轮胎速度级别与最高行驶速度的选择。轿车轮胎的规格型号标注原则，以毫米为单位表示断面宽度和扁平比的百分数。后面再加上：轮胎类型代号，轮辋直径（英寸），负荷指数（许用承载质量代号），许用车速代号。比如，图 9-6 所示轮胎的规格为 185/60/R14 82H，表示轮胎宽度为 185mm；轮胎扁平比，即断面高度是宽度的60%；R 表示该轮胎为子午胎（这条胎内层为辐射胎制造方式）；14 表示轮辋直径是 14 英寸；负荷指数 82 代表最大可承重 475kg，四条轮胎是 475×4=1900kg；H 表示速度级别为 210km/h。

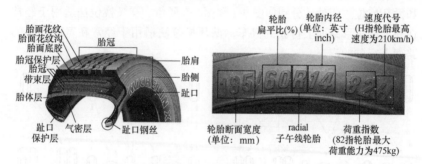

图 9-6　轮胎的规格

轮胎负荷指数表见 9-1，轮胎速度级别与最高行驶速度对照见表 9-2。

表 9-1　　　　　　　　　　轮胎负荷指数（节选）

负荷指数	最大载荷/kg	负荷指数	最大载荷/kg
81	462	93	650
82	475	94	670
83	487	95	690
84	500	96	710
85	515	97	730
86	530	98	750
87	545	99	775
88	560	100	800

表 9-2 轮胎速度级别与最高行驶速度对照

速度级别	最高行驶速度/(km/h)	速度级别	最高行驶速度/(km/h)
G	90	R	170
J	100	S	18
K	110	T	190
L	120	U	200
M	130	H	210
N	140	V	240
P	150	W	270
Q	160	Y	300

（6）窄胎与宽胎的选用。窄胎缓冲性能好且省油，宽胎安全性能好且美观。在不改变轮胎外径的情况下，可以给汽车选用相应的轮胎。比如，185/70R13 和 195/60R14 两种轮胎的轮胎宽度和扁平率均不同，但轮胎直径只是相差甚微，几乎可以忽略不计。

（7）车轮结构的选择。根据轮盘的材质不同，可以把车轮分为铝制车轮和钢制车轮。钢制轮强度高，但散热性能不如铝制车轮。如果将无内胎式轮胎配上铝制车轮，则能更好地防止因高温导致的轮胎爆裂。车轮及轮毂如图 9-7 所示。

━━━━━━（ 特别提醒 ）━━━━━━

（1）简单来说，轿车轮胎倾向于舒适性，而货车轮胎倾向于抗载耐磨。而且，载重量大的卡车轮胎普遍用的都是带有内胎的钢丝轮胎，保证了其载重量和散热性。

（2）仅从防止轮胎爆裂的角度来讲，负荷指数大、适用的行驶速度高、扁平率小的轮胎安全性能更好一些。

（3）与其他汽车相比，轿车轮胎对负荷指数、适用行驶速度、扁平率的要求有所区别，这些区别是通过轮胎规格来表示的。

三、转向失控

192. 行驶中转向突然失控时如何避险？

汽车在行驶过程中，转向失控意味着方向盘不受控制，无法掌握车辆的行驶方向。当转向系统的传动机构松脱或折断，如转向轴、万向节、

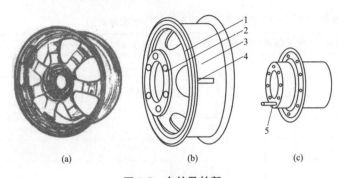

图 9-7　车轮及轮毂

（a）铝制车轮；（b）钢制车轮；（c）轮毂

1—挡圈；2—轮盘；3—轮辋；4—气门嘴伸出口；5—半轴螺栓

摇臂、拉杆、球头销等部位松脱或折断，会立即导致转向失控，使驾驶人无法操控方向。驾驶人应该沉着冷静地判明险情程度，切不可惊慌失措、贻误时机，致使险情无法收拾。

在行车时发现转向失灵，一定要冷静处置，切勿随意紧急制动，应立即抢挡减速，并应立即松抬加速踏板，轻踩制动踏板，要尽可能把方向盘打向路边或大树等天然障碍物的位置，以便在路边强行停靠脱险，如图 9-8 所示（见文后彩插）。当车速降到一定程度，应均匀而有力地拉紧驻车制动杆。等车速明显下降后，踩下制动踏板，使汽车逐渐停下。在制动的同时，应开启危险报警闪光灯、鸣喇叭或高声呼喊，以示意道路上的汽车和行人采取避让措施。

转向失控之后，如果汽车偏离直线行驶方向，应果断采取间断制动法，即反复"一踩一松"脚制动，也就是点刹的方法，使汽车尽快减速停车。

装有动力转向装置的车辆，突然出现转向不灵或转向困难时，切不可继续驾驶，应尽快减速，选择安全地点停车，查明原因。若出现转向突然不灵，但还可实现转向，应低速将车开到附近修理厂修好后再行驶。

特别提醒

对于转向失控的汽车，如果处于高速状态，请不要紧急制动，否则可能倾覆汽车。也不可以脱挡滑行或踩下离合器踏板，而应该利用发动机的牵引阻力达到减速的目的。

193. 如何防范汽车转向失控？

（1）要严格按照汽车例行保养的规定，定期对汽车的转向系统进行维护保养，发现问题及时解决，不留故障隐患。

（2）汽车行驶中，出现转向跑偏、转向摇摆、转向沉重等异常现象时，不可大意，要及时对汽车进行检修。

（3）要克服原地打方向的不良习惯，在不平道路行驶时，要降低车速，以减少转向系统的冲击载荷和磨损。遇到地面坑洼或台阶，要尽可能绕行。

194. 汽车方向跑偏如何避险？

汽车在道路上不能按照驾驶人的控制要求行驶，出现跑偏现象，此时应立即停车进行检查，主要检查下列项目。

（1）检查轮胎。检查前轮左右轮胎型号是否一致，轮胎气压是否符合标准。

（2）检查钢板弹簧。检查前钢板弹簧是否折断，左右钢板弹簧的弹性是否一致。当左右轮胎气压相等时，从车前向后看，应检查低的一侧钢板弹簧，若已折断，则应予更换；若无折断，则说明弹簧过软或拱度不够，应更换整副钢板弹簧。

（3）检查制动。在汽车行驶一段路程后，用手触摸制动鼓和轮毂轴承处，是否感到烫手。如果感到烫手，说明制动发卡或轮毂轴承装配过紧，造成一侧制动器拖滞，使行驶阻力增大，应进行调整。

（4）其他检查。如果上述检查都良好，则应检查前轴、车架是否变形，前轮定位是否失准和两侧轴距是否相等。

四、 制动失灵

195. 制动突然失灵时如何避险？

汽车在行驶中，当踏一次制动踏板或连续踏几次制动踏板时，制动踏板均被踏到底，但没有制动效果，即属于制动失灵。如果汽车行驶中遇到制动突然失灵的情况，要立即开启危险报警闪光灯，握紧转向盘，利用"抢挡"或驻车制动进行减速，以便尽快停车，如图9-9所示（见文后彩插）。

（1）控制好转向盘。一旦制动失灵，驾驶人一定要握紧转向盘，但不可采取过大动作，以防汽车侧滑。如果需要松开一只手换挡或拉手刹，应尽量抓住有利时机，在平直的路面完成。

（2）及时示警。遇到紧急情况时，马上开启危险报警灯，通过喇叭等一切办法提醒周围的汽车和行人，以便其他汽车或行人及时避让，避免或缩小受伤害的范围。

行车中发现制动失灵后，如果汽车前面有障碍物无法躲避，则应迅速使用驻车制动并抢挂低速挡，握好转向盘，及时将障碍物躲避开，驾车驶向较安全的地方，如果前面没有特殊情况，可先减速然后换入低速挡，靠近路旁停车检修。

（3）反复踩踏制动踏板。来回踩踏制动踏板，或许可以恢复制动系统中的压力，使汽车的制动重新生效。若时间充裕的话，建议多尝试几次。即便汽车装备了 ABS 系统也可以这样做，如果真的是制动系统失灵，这时踩踏制动踏板 ABS 不会正常工作。

（4）利用发动机制动减速。保持发动机正常工作，采用逐级降挡或抢挂低速挡的方式，利用发动机制动的牵阻作用来降低车速。如果是纯自动挡车型可以把变速杆挂入前进挡的低速挡位，即将挡位从 3 挡降至 L 挡来强行降低车速，而不要挂入 P、R、N 挡。若是手自一体化的自动挡车型，也可以挂入手动挡驾驶。

注 意

由于采用强制降挡的方式，所以不论是手动还是自动挡车型，都会对变速器造成一定影响。

（5）使用驻车制动器辅助减速。利用驻车制动辅助减速，但要操控得当，驻车制动不能拉紧不放，也不能拉得太慢。如果拉得太紧，容易使制动盘"抱死"，很可能损坏传动机件而丧失制动能力；如果拉得太慢，会使制动盘磨损烧蚀而失去制动作用。正确的方法是：缓缓拉起手刹，分几次拉紧、松开、拉紧、松开的方法使汽车减速停下来。需注意的是，拉手刹的手柄时要摁进手刹手柄的保险按钮，这样可以使手刹手柄在拉紧、放松的过程中操作自如，防止拉紧时手刹锁死。对于配备电子式或脚踏式驻车制动的车型，不建议采用驻车制动辅助减速的做法。

（6）利用摩擦力缓冲减速。如果以上几种方法都无效，还可以选择道旁的隔离带、护栏或其他障碍物，利用剐蹭、摩擦来降低车速。如果是在一些下坡等危险路段出现制动失灵，为防止险情进一步扩大，必要时可利用路边的沙泥堆、草堆、路沟、树林、岩石等障碍物给汽车施加阻力。可将车身的一侧向山边靠拢，不要正面撞击，撞击角度要小一些，以剐蹭的方式让汽车减速，如图 9-10 所示。这样可以减轻人体在车的二次碰撞，也可以减轻因碰撞造成的车体的损坏。

图 9-10　以剐蹭的方式让汽车减速

此时，车上的人千万不要惊慌，而是要抓紧扶手，身体要远离汽车障碍物一侧，不要影响驾驶人操作，更不要跳车。

特别提醒

汽车在下长坡、陡坡时，不管有无情况都应该踩一下制动。既可以检验制动性能，也可以在发现制动失灵时赢得控制车速的时间，也称为预见性制动。

196. 在行驶中制动失灵，该如何避险？

汽车在行驶中制动突然失灵，驾驶人要保持冷静，应立即开启危险报警闪光灯，控制好转向盘，避开道路上的行人和汽车，然后采取应急措施。

（1）平路脚制动失灵。平路行驶中发觉脚制动失效时，应迅速使用驻车制动，迅速减挡，并把挡位换入低挡位，把稳转向盘，将汽车靠向路边停车。夜间要打开尾灯和示宽灯，以引起后车警惕。

 注　意

若不是紧急情况，驻车制动不可一次拉紧不放，也不可拉得太慢。以防驻车制动装置失效、损坏。

（2）下坡脚制动失灵。应先从高速挡抢入中速挡，使发动机产生很大的牵引阻力，将车速很快降低，然后再抢入低速挡。如果无效，驾驶人应果断地利用天然障碍物（如土堆、草堆等）使汽车减速、停车。必要时可把汽车靠向右侧路旁的岩石或大树，利用天然障碍物达到停车脱险，如果没有合适的地形地物，紧急情况，可使车厢的一侧向山边靠拢撞擦，强制汽车减速停车。若长的下坡路段有紧急避险台，则可将汽车驶向避险台进行避险。

（3）上坡脚制动失灵。当汽车上坡脚制动失灵时，可利用挡位控制车速，伺机寻找平坦的地方，使用驻车制动停车，当无平坦地方时，可将汽车向路边靠拢，使用驻车制动强制停车，然后，寻找可用的石头、砖头或其他障碍物把汽车的后轮掩住。

（4）在高速公路上制动失灵。这时应当立即将汽车驶离行车道至右侧紧急停车带，可适度地使汽车右侧靠向防护栏使其摩擦产生阻力，以便强制汽车减速。若采用驻车制动器也停不了车，则应冷静地观察道路障碍将车的转向盘控住，用车身或车轮去接触障碍，迫使汽车减速停下，但切忌贴靠过度，造成翻车。在条件允许的情况下，可将车辆及时驶入避险车道，如图 9-11 所示。避险车道是指在长陡下坡路段行车道外侧增设的供速度失控车辆道驶离正线安全减速的专用车道。在平直道路右侧前方设置的一条上坡匝道，一般为 50～100m 的斜坡道路。车道表面一般铺设一层较厚的碎沙石，能加大轮胎和地面摩擦力，是让车轮陷入、增大摩擦，减缓车速，使车辆停下。

图 9-11　避险车道

避险车道是专用车道，不得挪作他用，在避险车道内停车属于违法行为，如阻碍后方车辆紧急避险，后果将不堪设想。在此提醒广大驾驶员，为了自身及他人的生命安全，请正确使用避险车道。

特别提醒

汽车制动系统如果为双通道式，则当制动报警灯亮起时，可能只有一个制动通道出现了问题，此时制动系统还没有完全失灵。如果情况不是太危急，可反复踩踏制动踏板，提高制动管道内的压力，可在较长的制动距离内将车制动。

197. 如何预防汽车制动失灵？

汽车行驶中造成制动失灵的原因很多：①对制动系统缺乏必要的保养，制动总泵里杂质太多、密封不严、真空助力泵失效、制动油过脏或几种制动油混合使用受热后出现气阻、制动总泵或分泵漏油、储气罐或管路接口漏气；②由于操作不当导致机件失灵，如长时间下坡会使制动片摩擦生热、制动功能完全失效；③由于严重超载，在重力加速度的作用下，加大了汽车运动惯性，直接导致制动失灵。防范汽车制动失灵的方法如下。

（1）注意制动踏板自由行程的变化。有些制动失灵是有前兆的，如制动踏板自由行程增大、踏板阻力增大等，此时切不可大意，要及时进行检修。制动踏板自由行程是制动装置各部间隙在制动踏板上的反映。

制动踏板自由行程的大小，液压制动通常为 3～7mm，气压制动通常为 5～8mm。用直尺放置在制动踏板的一侧，记下踏板原始位置对应的尺寸。用手指轻轻按压制动踏板，当感到有阻力时，保持踏板位置不变，记下此时对应的尺寸。以上两个尺寸相减，就是制动踏板自由行程的实际数值，如果不符合要求，可以对制动踏板自由行程进行调整，调整无效，应该对制动装置进行检修。检查制动踏板自由行程如图 9-12 所示。

图 9-12　检查制动踏板自由行程

1）制动踏板自由行程过小，有可能会造成制动拖滞，其具体表现为，放松制动踏板之后，制动不能完全解除，汽车行驶阻力增大，车轮发热。

2）制动踏板自由行程过大，有可能造成制动不灵，踩下制动踏板时汽车减速迟缓。液压制动的汽车，制动踏板自由行程过大时，甚至第一次踩下制动踏板时不起制动作用，要连续踩下几次制动踏板，才能刹住车。

（2）及时添加制动液。对于液压制动的汽车，要注意检查是否需要添加制动液。如果制动液不足，会造成制动不灵，甚至是制动失灵。因

图 9-13　添加制动液

此，制动液必须在规定的储量之内。如果储液罐内的制动液低于上限，要注意添加，如图 9-13 所示。

在制动液储液罐上标有上限（MAX）和下限（MIN）的刻线，制动液储量应该在上、下刻线之间。

1）添加的制动液应该与原车制动液相同，不同类型的制动液不可混合使用。如果混合使用，则会出现分层现象，产生沉淀物，严重影响制动效能。

2）在添加制动液时，要注意制动液是否变质。如果发现制动液浑浊，应该进行更换。

3）在添加制动液时，还应该观察制动系统是否存在漏油现象。比如，将车停下，用力连续踩制动踏板，然后观察车轮的制动轮缸（俗称制动分泵）、停车的地面上是否有泄漏的制动液。

4）如果制动液消耗过快，一般与液压系统漏油有关（如液压轮缸漏油、油管接头松动等），应该查找原因，及时排除。若发现油管接头松动，要及时紧固。紧固管接头时要使用两个扳手，其中一个扳手起固定作用，以免管道扭曲变形。

（3）液压制动的排气。如果制动系统已经严重缺少制动液，仅仅添加制动液还无济于事，可能此时制动系统已经进入了空气，还需要对制动系统进行排气。在炎热的夏季，尤其是下长坡频繁使用制动时，高温会使制动液气化，此时如果发现制动性能下降，也应当果断停车，排除制动系统内的气体。排气方法如下。

1）向储液罐内注入足量新的制动液，连续踩下制动踏板数次，将制动踏板固定在最低位置，用螺塞或手指、橡胶塞堵住液压主缸（俗称制动总泵）出油孔。放松制动踏板，再连续踩下数次，固定在最低位置不动，松开螺塞，放出液压主缸内的气体。重复以上过程，直至将液压主缸内的气体排尽，然后安装复原液压主缸出油管。

2）为了使液压管道内的气体顺利排出，应该注意液压轮缸（俗称制动分泵）的排气顺序为：右后轮→左后轮→右前轮→左前轮。

（4）气压制动的排污。对于气压制动的汽车，冬季要注意给储气筒排污，如果储气筒内的油水混合物过多，有可能导致制动管道因结冰而阻塞，造成制动失灵。汽车行驶中，要随时观察气压表的指示情况，如发现气压表的指示压力过低，要果断停车检查。

五、　汽车碰撞

198. 车前有人突然横穿公路时如何避险？

当行车中发现车前有人突然横穿公路时应立即采取鸣喇叭、减速、转向和制动等应急避险措施，如图 9-14 所示（见文后彩插）。

（1）当发现行人横穿公路时，通过鸣喇叭提醒行人加速通过。

（2）在鸣喇叭的同时一定要减速，以便给行人留出穿过公路的时间。

（3）可向左或向右打转向盘避开行人，一定要判断准确，判断行人的速度和汽车从其身前或身后通过的时间，还要观察左、右有没有过往的汽车，如果有过往的汽车；则要避免因侵入其他车道而导致撞车事故。

（4）可采用制动减速和制动停车。制动减速是给行人留出通过的时间；制动停车是在行人无法赶在汽车之前穿过车道时采取的必要措施。

199. 汽车即将剐碰时如何避险？

剐碰一般是指会车、超车或避让障碍物时，车体与其他物体相碰擦的现象。

（1）汽车行车中，如果车体之间或车体与其他物体之间剐碰时，驾驶人应迅速向车内倾斜，后背尽量靠住椅背，以防车门脱落或车壳变形挤伤身体。如果条件允许，同时迅速向外侧稍转转向盘，接着适量回转，将汽车与剐碰物分开，防止大面积剐碰。更应防止因碰擦而造成侧滑，使车与碰擦物撞在一起。

（2）剐碰对坐在车厢边上的人员有很大的威胁。所以当发现所乘的机动车将要与其他车或障碍物相碰擦时，应迅速向车厢内侧挤靠，以防车体变形挤伤身体。

（3）两车碰撞后，双方驾驶人应冷静处理。请交通事故处理部门前来处理，减少在事故现场停留的时间，以免造成更多的事故发生和大面积阻塞车现象，影响正常的交通秩序。现代很多汽车在两侧也配置了安全气囊，当汽车两侧发生碰擦时，安全气囊也会打开，保护车内人员。

───── **特别提醒** ─────

当汽车可能碰撞时，应及时控制转向盘，顺着前车或障碍物的方向，尽量改正面碰撞为侧面碰撞，改侧面碰撞为刮碰。

---

200. 汽车即将侧面碰撞时如何避险？

汽车侧面相撞多发生在交叉路口。汽车将要侧面相撞时应急避险方法如下。

（1）当驾驶人预感到汽车将要发生侧面碰撞时，应保持冷静，要立即向着撞击的相反方向转动转向盘，接着再回一点，并立即将本车车体与碰擦车体分开，同时防止因碰擦而发生侧滑，或两车车体咬在一起。尽量使侧面碰撞变成碰擦，让损失降到最低。

（2）若侧面相撞的撞击部位发生在驾驶室部位，则危险会相当大，避免的办法是提前发现险情，及时调转车头方位，让车身部分与来物相撞。若恰好是驾驶人座位的方位时，驾驶人要迅速向右转动转向盘进行躲避，并将身体移往驾驶室另一侧，同时用力拉住转向盘，以便控制方向并借助转向盘稳住身体，防止被甩出车外。

（3）侧面碰撞对乘坐在车厢边上的人员危险较大，当发现将要碰擦时，车上人员应迅速向车厢内侧挤靠，以防车壳变形挤伤身体。若为客车，乘客在紧急时刻，应该判断来车撞击的方向，及时离开受撞部位。

201. 汽车即将正面碰撞时如何避险？

汽车正面相撞一般是与对面来车或障碍物相撞。与对面物体相撞时力量较大，形成的破坏力也大。

（1）如果无法避免与迎面来的汽车相撞时，应迅速辨明将要受到撞击的方位和力量。当驾驶人判断撞击力量较大，或者撞击部位接近驾驶人座位时，驾驶人应在安全带活动范围内迅速躲离转向盘，往副驾驶座位移动，同时迅速将两腿抬起，如图 9-15 所示（见文后彩插）。因为车体相撞时，发动机部位和转向盘都会产生严重的向后移位（有很多汽车转向盘已设计成可弯曲型，当发生撞车时，转向盘会自动折叠，以保护驾驶人），若驾驶人躲避不及时，胸腹部或腿部就可能转向盘或发动机挤压致伤，有时甚至会危及生命。在汽车即将发生碰撞时，驾驶人不要因慌张而不采取任何避让措施。

（2）如果撞击的部位不在驾驶人一侧或撞击的力量较小，驾驶人应用手臂抵紧转向盘，两腿向前蹬直，身体向后倾斜，以此形成与惯性力方向相反的力，保持身体平衡，以便安全气囊弹出，即使安全气囊没有打开，也可避免汽车在撞击时头撞到前风窗玻璃上受伤。

（3）后座人员最好的防护办法就是迅速向前伸出一只脚，顶在前面座椅的背面，并在胸前屈肘，双手张开，保护头面部，背部后挺，压在座椅上。如果是客车，那么乘客在紧急时刻，应该牢牢抓住扶手，避免撞车时被甩出，摔伤。

───────── **特别提醒** ─────────

汽车相撞发生火灾的可能性极大，所以撞击一停止，尽快设法离开汽车。

───────────────────────────────

202. 汽车追尾碰撞时如何避险？

（1）一旦发生汽车追撞，驾驶人应挺直腰，双手紧握转向盘，防止惯性前冲将身体抛离坐垫，伤及腰部或颈部。同时，应立即采取相应的停车措施。如果自己的汽车在行驶中，前方无障碍物，则应稍向前行驶一段距离后再制动停车，以免防止后车追撞力量过大，加大撞车的损失；如果自己的汽车在紧随其他汽车，则应立即制动停止，以防止本车再次与前面的车发生连环追尾；如果本车被后面的汽车追撞，并推着向前或左右跑偏，则应立即踏下加速踏板，快速摆脱后面的汽车，驶向安全地段再停车；如果汽车已撞坏不能行驶，则应保护好事故现场，报警处理。

（2）车后被撞一般是在停车时，后随汽车停不住车而发生的撞击，即追尾。这种撞车，驾驶人一般难以预料，发生得很突然。但由于车后面也有保险杠，加之汽车本身是适合向前运动的物体，所以后面被撞时，对驾驶人威胁并不大。

（3）为防止被追尾，行车中应随时查看后视镜，观察车后是否有车随行，尤其是制动停车前要观察后随车的距离和行车状态。在紧急制动时，要做好被追尾的思想准备。

203. 转弯时撞车如何避险？

汽车转弯时撞车分为与来车相撞和与后车相撞两种。与来车相撞的原因主要是转弯处视线不清，未按行车路线行驶；与后车相撞的原因主要是未给转向信号或突然实施转向。为了防止转向撞车，转弯时要注意以下几点。

（1）提高警惕，对视线不良的弯道，要按照对面有来车同时实施转向的情况进行转向，不要侵占对方行驶路线。

（2）转弯时要做到减速、鸣喇叭、靠右行。当视线不良时，要开示宽灯或不间断地鸣喇叭，低速行进，并及时开启转向信号灯，以提示前后的汽车和行人。

（3）右转弯时，由于转向半径小，视线范围也相应缩小，故应格外警惕。在狭窄危险的弯道转向时，右转弯必须紧靠内侧，左转弯必须紧靠外侧。

六、汽车翻车

204. 汽车翻车时如何避险？

汽车翻车的情况一般有 3 种：①急转弯翻车，驾驶人先有一种急剧转向、车身向外侧飘起的感觉；②掉沟翻车，车身先慢慢倾斜，然后翻车；③纵向翻车，先有前（后）倾、车头下沉或车尾翘起的感觉。

驾驶人感到汽车不可避免将要翻车时，应采取以下处置方法。

（1）驾驶人在翻车之前的一瞬间，都能感到将要发生什么。作为临危时最清醒者不能只顾自己的安危，而不顾乘客的安全。这时应高喊，让大家做好准备。在发生翻车的瞬间，冷静判断，将点火开关关闭，使转向盘处于锁止状态，以利于紧紧抱住转向盘。乘客应迅速蹲下身趴到座椅上，并紧紧地抓住前排座椅位或扶杆、把手等固定物，低下头，利用前排座椅靠背或手臂保护头部。身体尽量固定在两排座位之间随车体翻转。

（2）驾驶人应做好自我保护。汽车倾翻驾驶人无法跳车时，驾驶人要紧紧抓住转向盘，两脚勾住脚踏板，尽量使身体固定随车体翻转，避免因车体翻转在驾驶室内翻滚、碰撞或甩出车外造成伤害。

（3）如果汽车向深沟滚翻，应迅速趴下到座椅下，抓住转向盘或踏板，避免身体在驾驶室内滚动而受伤。

（4）如果驾驶室是敞式的，在预感将要翻车时，驾驶人应抓住转向盘，身体尽量往下躲缩，在车体翻转时，更要抓紧，不可松手，避免身体甩出车外。

（5）除非留在车上必死无疑，否则不要随便从疾驶的汽车中跳下。万不得已需要跳车时，一定要在跳车前做好必要的准备，如解开安全带、打开车门、身体抱成一团等。

翻车时，不可朝着翻车方向跳车，而应该向汽车翻转的相反方向跳跃，如图 9-16 所示（见文后彩插）。若在车中感到不可避免将要被抛出，则应在抛出车厢的瞬间，猛蹬双腿，增加向往抛出的力量，以增大离开危险区的距离。人员落地时，应双手抱头顺势向惯性的方向滚动或跑开一段距离，以减轻落地重量，避免遭受二次损伤。

（6）汽车在行驶中发生事故时，乘客不要盲目跳车，应在汽车停下后，打开车门、紧急出口或击碎车窗再有序撤离。

（7）如果被抛出车厢，应双手抱头，躲开翻滚的车体，并顺势滚动一段，以减少冲击力。

205. 汽车坠崖时如何避险？

（1）汽车通过傍山险路或桥梁时，如果不幸撞出路面，就会发生坠落。汽车若在悬崖或路基边上呈半悬空状态停住，这时千万不要惊慌乱动，驾驶人稍停顿片刻，待车身稳住后，弄清安全的出口，再按次序下车，以免造成翻车事故。前轮悬空时，应先让前面人员逐个下车；后轮悬空时，则应让后面人员逐个下车。

注　意

　　这个时候保持汽车的平衡稳定是最关键的。特别要防止人员向悬空方向移动，以免慌乱中加剧汽车的倾斜，甚至导致倾覆。

（2）汽车一旦坠崖，驾驶人要抓紧转向盘，让系着安全带的身体后仰紧贴座椅靠背，随着车体翻滚。翻滚中，安全气囊均会打开。这样，当车摔到崖底时，身体有相应的护垫，起到缓冲撞击的作用。在汽车翻滚过程中，如果未系安全带或未抓牢固定物而使身体在驾驶室内控制不住地滚动，就会使身体不断地撞击到驾驶操纵机件及其他硬质物体，使身体遭受多次撞击而受伤。

（3）如果汽车在坠落过程中没有发生翻滚，应在下落过程中，看清坠落方向的环境特征，以便落地时采取适当的脱离措施。当看到汽车即将坠到地面时，应缩头弓背，双手抓紧车上固定物体，做好冲击的准备。如果来得及调整身体姿势，可让腿部朝着坠地方向，保护头部，以免受到致命创伤。此时乘客不要顾及财产，抱住自己的包裹不放。而应该迅速调整身体的位置，让腿部朝着下坠的方向，避免头部受伤而伤害性命。

206. 转向时发生翻车该如何避险？

汽车转向时的翻车一般均向弯道的外侧抛翻。造成抛翻的主要原因是车速太快，转向太急。为防止转向翻车，驾驶人必须注意以下事项。

（1）在高速行驶时要把稳转向盘，保持直线行驶，不要轻易转动转向盘，更不可为选择路面而紧急转向，否则，车在平路上也会发生翻车。

（2）转弯时，要提前降低车速，禁止在高速转弯时使用紧急制动器。

（3）转向时，当感到汽车发飘，车身向外倾斜，估计有翻车危险时，应立即向外侧稍回转向盘，顺势将车驶正一些，然后立即制动，适当降低车速。为避免翻车，必要时，可将车顺势开入转弯道外侧的路基或田野上，然后再将车倒回原路。

207. 汽车侧翻（倾翻）时如何避险？

汽车侧翻（倾翻）多发生在视线不良或狭窄的道路上行驶，由于会车、超车、倒车、躲避障碍等原因，使汽车驶出路肩造成车轮悬空。

汽车倾翻时，驾驶人一般都有先兆预感，应该有自我保护的意识和措施，尽量减少损失。如急转弯时汽车急剧侧倾，车身会先向外侧飘起后才会完全翻车。纵向翻车时汽车先前倾或后仰，驾驶人有车头下沉或车尾翘起的感觉，然后才会翻车。掉沟翻车时车身先慢慢倾斜，然后才完全倾覆。

（1）稳住身体。驾驶人一定要保持头脑冷静，不要轻易改变自己在车内的位置，设法使汽车保持平衡，然后再谨慎处理险情。感到汽车不可避免要倾翻，但倾翻力度不大时，双手应紧握转向盘，双脚钩住踏板，背部紧靠座椅靠背，尽力稳住身体，随车体一起侧翻；若汽车倾翻力度较大或向深沟连续翻滚时，身体应迅速趴到座椅前下方抓住转向柱或踏板等将身体稳住，避免身体滚动受伤或甩出车外招致汽车碾轧。若汽车倾翻在路沟、山崖边的时候，应判断汽车是否还会继续向下翻滚。如情况不明，应维持好车内秩序，驾驶人和车内的乘员应该缓慢向车身悬空或车轮悬空相反的一侧移动，防止因车内人员的走动或下车使汽车失去平衡。

（2）汽车有侧倾危险。如果汽车驶入路肩有侧倾的危险，要立即采用绳索的一头把车身拴住，绳子的另一头拴在附近的大石头、大树、建筑物或木桩等上。然后再将汽车上的货物搬到车厢靠路中间的一侧，以维持车身的平衡，必要时还可将车上的货物搬下来，然后再采取施救的措施。

（3）自我急救。当汽车侧翻后，汽车半侧翻可利用大木杠撬抬，同时在另一侧绳索牵引，也可用千斤顶在侧翻的一侧顶抬，在千斤顶将车身升起后，用砖、石、木垫塞，然后换下千斤顶，再重新顶升、垫塞，如此反复，直到车身端正为止。如果路肩处坡度较缓和，可以采用挖削路肩或垫上木板等物体，使汽车逐渐驶回道路上。如果路肩处坡度较陡，自己处理危险，就不要擅自采取措施，去求有关部门帮忙。

特别提醒

汽车倾翻或半倾翻后，不要在现场吸烟。应及时卸下蓄电池，放出燃油以防起火，发生火灾、爆炸等危险，然后设法将车身放正。

208. 汽车斜骑在路肩上时如何避险？

（1）如果汽车两轮或一轮驶出路缘，使车身斜骑在路肩上悬空停住时，车身处于不平衡状态，随时都可能坠落。驾乘人员一定要头脑冷静，先设法保持车身平稳，以免慌乱中加剧汽车的倾斜，导致倾覆。待汽车稳住后，应根据当时的情况，选择既安全又不使汽车失去平衡的地方离开车厢。驾乘人员应从靠路面一侧的车门出来，禁止从路肩一侧车门出入。必要时，将车厢内重物由路缘外侧的一边搬到靠路边的一边，以增大路面上轮胎的压力，防止汽车因失去平衡而倾覆。

（2）驾驶人应先离开驾驶室，之后再仔细观察汽车的险情，并根据情况采取相应的措施。如果汽车有倾覆坠崖的危险，应用绳索系住车身拴在公路上的自然物或木桩上如图 9-17 所示（见文后彩插）。如果路肩处坡道较缓，用锹刨挖路面上轮胎周围的泥土，使悬空车轮落地，然后使汽车驶出；如果悬空车轮下方很陡，可找一根木杠或跳板，以路缘为支点，将木杠或跳板的一头伸到悬空车轮下，将另一头用力压下，使汽车驶出；如果前、后桥或传动轴触地，也应刨挖触地处的泥土，直至使车身平衡并能驶到路面上为止。在车身未稳定前，禁止冒险开动汽车，以防发生翻车事故。

特别提醒

禁止在汽车未固定的情况下进行求助；求助时禁止人员在发生危险的车上以及存在险情的一边操作。

209. 汽车滑入沟底时如何避险？

汽车掉进沟底，应根据是否可以继续行驶，处理方法有所不同。

（1）如果汽车还有行驶能力，可对着公路或通向公路的地方挖一斜坡，使汽车沿斜坡驶上公路。如果是陡坡，汽车行驶会有危险时，为了防止汽车上行时打滑，造成翻车事故，则应该在公路上寻找一棵根深的大树或木桩、石桩等，将绳索的一端拴在上面，另一端拴在汽车上，使汽车缓慢向上行驶。根据上行的速度适当调整绳索与机动车的距离，让机动车保持稳步上行，此时众人应离开汽车，避免汽车再次下滑或翻车时受伤。在行驶过程中，根据需要调整绳索的距离，以帮助汽车保持平衡。

（2）如果汽车掉入较深的沟里，可先在附近查看有无迂回道路。如果有迂回道路，可从迂回道路开出。无法自行驶出，通过起重机或其他汽车拖救。施救时，要注意拖曳的方向，应顺着车头或车尾方向拖，必要时可用定滑轮或动滑轮，以改变拖曳的方向并增大牵引力。

210. 如何防止汽车转向时掉入沟中？

汽车转向掉入沟中是指汽车转弯时，前外轮掉入弯道外侧或内后轮掉入弯道内侧的沟堑里。这种情况大多发生在狭窄路段的弯道或急转弯弯道上。造成转向掉沟的主要原因是对弯道和汽车转弯半径掌握不准。为防止转向掉沟，驾驶人应注意以下几点。

（1）正确判断道路的弯度，将车速降到通过弯道的安全速度以下。

（2）根据本车最小转弯半径和车速，正确操纵转向盘。弯道一侧有障碍，另一侧没有或有较少障碍时，应贴近没有和较少障碍的一侧转向。弯道外侧有障碍时，转向时机应适当提前，采取小转弯的方法通过；道路内侧有障碍时，转向时机应适当延后，防止内轮造成剐碰。急转弯时转向盘要急转急回，既不可将转向盘转得过早回得过晚，又不要将转向盘转得过迟回得过早。

（3）转向过程中，车头通过弯道后要顾及车尾，迅速回转转向盘。当回顾车尾时，要警惕前方转向轮的位置发生偏移。

（4）当急弯外侧有汽车或行人时，要待汽车或行人通过后，再进行转向。

（5）在狭窄道路转向困难时，应让人指挥通过；无人指挥时，可在弯道的外侧插上标记，使之在操纵位置时可见到，以此作为转向标，缓缓驾车转向通过。

（6）遇直角弯，汽车无法一次通过时，可利用侧方移位或原地半联动的方法，调整转向轮角度，实施转向。

七、 汽车侧滑

211. 汽车侧滑时如何避险？

所谓侧滑，俗称"甩尾"，就是汽车在紧急制动、急加速或起动时，因扭矩过大而产生的侧向甩动的状态。汽车侧滑有前轮侧滑、后轮侧滑和四轮侧滑 3 种情况。汽车侧滑很容易造成事故的发生，因此在行车时，应尽量防止和避免。

（1）当汽车侧滑时，首先要把稳转向盘，迅速判明侧滑的性质，如前轮侧滑还是后轮侧滑，是路况不良引起的侧滑，还是因制动、打方向等操作不当引起的侧滑等。若前轮侧滑，应稳住加速踏板，纠正方向驶出；若后轮侧滑，应将方向盘朝侧滑方向转动，待后轮摆正后再驶回路中。汽车侧滑的应对方法如图 9-18 所示（见文后彩插）。遭遇侧滑切忌慌乱无主，仅凭直觉盲目打方向。

（2）在雨、雪天气或光滑的路面上行驶，要保持匀速，不要突然加大或减小加速踏板，切勿紧急制动。不论是加速，还是减速，一旦出现侧滑要马上减小加速踏板。

（3）若打方向（通常是转弯）汽车出现侧滑。这时应把稳转向盘，逐渐减小加速踏板，并立刻向车轮侧滑的方向打方向，逐步消除汽车的侧滑，恢复正常行驶。若行车时碰到小角度的转弯或路面结冰，急制动可能会使汽车发生侧滑。应立刻松制动，向后轮侧滑的方向转动转向盘，减弱后轮侧滑，重新控制车的前进方向。打转向盘的速度和幅度也要适度，避免回轮不及时造成新的险情。

（4）学会制动的方法，正确控制车速。如因制动引起汽车侧滑，应立刻解除制动。汽车向左侧滑就向左打转向盘，反之亦然，但动作不能太大，否则又会向相反方向侧滑。不能使用手刹制动，由于大部分汽车的手刹都是制动后轮的，更易发生侧滑或侧翻事故。

———— 特别提醒 ————

处置汽车侧滑，涉及车型性能差异、前后轮驱动、车后拖挂等不同的情形，其避险的方法也有所不同。但关键在一个"顺"字，即顺着车轮侧滑的方向转动转向盘，使车轮恢复正常运动状态。

212. 如何防止汽车侧滑？

造成汽车侧滑的原因很多，如在冰雪、泥泞等附着力很小的路面上突然加速、减速、紧急制动或猛打方向等，都有可能产生侧滑。

（1）路边状况导致侧滑如路面湿滑、油污或结冰等，其附着系数降低，且左右不对称，车轮载荷与路面附着力也跟着降低，稍有横向外力作用，就会引发车轮侧滑。

（2）制动时四轮受到的阻力不平衡诸如左右轮制动力不等、各轮附着系数不等、装载重心偏向一侧等，引发"跑偏"，也极易导致车轮侧滑。

（3）制动不当如动作过猛、过量等，出现车轮"抱死拖带"，而后轮一般又先于前轮"抱死"，所以引发车轮侧滑。

（4）转向操作不当如速度快、急打方向或快速转弯中使用制动不当，汽车重心过高（装载超高）等，使惯性离心力增大，也极易引发车轮侧滑。

213. 车轮被陷时如何避险？

（1）汽车车轮陷得过深或车轴触地。为防止汽车滑动，应将变速杆推入一挡，拉紧驻车制动器操纵手柄，并用三角木塞住车轮，必要时踏下制动踏板，以保安全。待垫好后，可用低速挡驶出。

1）当车桥触及地面，车轮悬空时，可先在车轮下铺垫平实后，铲挖车侨下面的泥土，使车轮着地，以保证有良好的附着力，即可驶出深坑。

2）当车轮陷入深坑，又不便铲挖时，可用千斤顶支起车体，在坑内铺垫干燥沙子、石子等物，再落下车轮，以便顺利开出。

（2）车轮陷入浅坑时，在前后桥没有触及路面的情况下，可以将浅坑铲出斜面，保留坚实的土质或铺垫沙土石子，用低速挡将车平缓驶出。如果路面地基疏松，难以承重时，应将汽车负载重物卸下或用人力协助推动，脱离坑凹后另行装载。

（3）轿车车身很轻，特别是一些微型轿车，车重量更轻。轿车被陷时，找几个人将其抬出或推出被陷地是最好的救助方法。

八、 汽车火灾

214. 汽车火灾时如何避险？

汽车火灾的类型主要有：自燃、引燃、碰撞起火、爆炸和雷击等几种。其主要原因有受到撞击、高压导线短路、燃油泄漏等原因。

汽车在行驶途中突然发生火灾时，驾驶人应头脑清醒，切忌惊慌失措，应迅速掌握失火部位及起火原因，采取果断措施，积极迅速扑灭火灾，抢救受伤人员和财产，如图9-19所示（见文后彩插）。应急处置方法如下。

（1）当汽车在行驶途中突然发生火灾时，应立即靠边停车，将发动机熄火，切断油源。

1）当汽车起火被困时，首先是逃离火灾。逃离时，应关闭点火开关，脱离驾驶室后不要忘记关闭油箱开关，切断油路，迅速撤离车厢。

当火焰逼迫无法躲避时，应用身体猛压火焰，冲出一条生路。冲出时，及早脱去尼龙等化纤类衣服，不要张嘴呼吸或高声呼喊。

2）公交车要及时打开车门让乘车人员逃生。如果汽车碰撞变形、车门无法打开时，应砸破车窗玻璃，也可从前后挡风玻璃处脱身，身上着火时应立即脱掉着火衣裤或就地打滚，压灭火种。

（2）扑救身体着火的伤员时，不能用灭火器向人身体上喷射，以免扩大伤势，应用被服等物盖住着火的身体，使火自然熄灭，然后迅速将伤员护送医院。

正确的灭火方法：

1）人身上突然着火时，一般只是衣服先着火，如衣服能脱下来时，就尽可能迅速地脱下或撕脱衣服。并将着火的衣服浸入水中，或用脚踩灭、用水扑灭。

2）如果身边有水的时候，迅速用水将全身浇湿。

3）如果衣服来不及脱，可就地打滚，压身上火苗把火扑灭。

4）如果有两人以上在场，未着火的人要镇定沉着，帮着火人脱下衣服，或（自己）立即用随手可以拿到的麻袋、毯子、衣服或厚重衣物（或类似于）等朝着火人身上的火点覆盖或包裹身体（通过自己滚动）或扑打灭火。

5）如果火场周围有水缸、水池、河沟，可以取水浇灭，不要直接跳入水中。因为虽然这样可以尽快灭火，但对后来的烧伤治疗不利。同样，头发和脸部被烧着时，不要用手胡拍乱打，这样会擦伤表皮，不利于治疗，应该用浸湿的毛巾或其他浸湿物去覆盖灭火。

（3）汽车内可燃物质燃烧时，散发的烟和气易使人中毒。在扑救时，禁止张嘴大口呼吸，以防止烟火烧伤呼吸道或吸入有毒气体，应注意屏气防毒，并迅速将失去知觉的伤员转移后抢救。

（4）干粉灭火器的使用方法如图 9-20 所示。使用时人要站在上风处，尽量远离火源。灭火器瞄准的方向，应是火源而不是火苗，用灭火器对准火焰的根部点射灭火。汽车失火的灭火如图 9-21 所示。

若无灭火器，当着火范围较小时，可用车上现有的物品进行覆盖；也可用路边沙土、冰雪或厚布、工作服覆盖或堵截过往汽车索取灭火器材灭火。如果不知道用什么方法灭火，尤其易燃危险器着火时，应求助专业人员或等待消防队灭火，切不可盲目灭火。

（5）如果发动机不慎起火，应马上停车熄火，切断电源。尽量不要

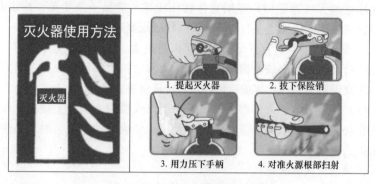

图 9-20　干粉灭火器的使用方法

图 9-21　汽车失火的灭火

打开发动机盖，用灭火器从车身通气孔、散热器及车底侧进行灭火。若打开发动机罩可能因大量空气进入而加大火势。除非是确认火势非常小，或只看见冒烟而不见火苗。在掀开发动机舱盖的时候，身体不要距车身太近，以免火苗突然窜出烧伤皮肤和面部。掀开发动机舱盖之后，要尽快用灭火器灭除火焰。

（6）车辆燃油着火时，可使用灭火器或路边沙土、棉衣、工作服等覆盖法灭火，不能使用水灭火。但含酒精的防冻液着火，可立即用水浇泼着火部位，以冲淡酒精防冻液的浓度。

（7）因撞车、翻车等车祸而引起火灾时，由于被撞汽车零部件损坏，乘车人员伤亡比较严重，首要任务是设法救人。如果车门没有损坏，应打开车门让乘车人员逃出，同时可利用扩张器、切割器、千斤顶、消防斧等工具配合消防队员救人灭火。

（8）在扑救火灾时，要防止烧伤。救火时应脱去身上所穿的化纤服装，注意保护暴露在外面的皮肤，已经粘在皮肤上的衣服不要撕扯，以免将表皮一起撕下致使细菌侵入。不要张嘴呼吸或高声呐喊，以免烟火灼伤呼吸道。

（9）若火势危及车载易燃物，则应在扑救的同时，迅速把货物从车上卸下。无论何种情况，都必须做好油箱的防火防爆工作。

1）汽车车厢货物发生火灾时，尤其是可燃性货物失火时，驾驶人应将汽车迅速驶停在远离城镇、建筑物、树木、车辆及易燃物的空旷地带，并尽快远离现场并及时拨打 119 报警。驾驶人在逃离火灾现场前，应关闭点火开关、电源总开关，并设法关闭油箱开关，及时将事故情况和地点通报给救援机构。同时驾驶人应及时取下随车灭火器扑救火灾，当火一时扑灭不了时，应劝围观群众远离现场，以免发生爆炸事故，造成无辜群众伤亡。

2）如果是篷式货车或厢式货车，尤其是当货物中包含有危险品时，应关闭货厢门，隔绝氧气而阻止火势迅速蔓延。

（10）由于油箱或油桶存在随时爆炸的可能，应及时疏散汽车上和周围的人员，以防造成更多的损失。一旦发现烤热的油箱或油桶有可能出问题时，一定要先救人。

（11）若汽车停在加油站、建筑物、高压电线、树木、灌木丛及汽车或有其他易燃物品的地方，应设法远离，最好将车开到空旷地带救火，确保火势不再蔓延。当汽车着火危及周围房屋、电线电缆以及易燃物品时，应隔离火场，采取措施，防火焰蔓延，以减少损失。

（12）隧道失火，迅速出洞。当汽车在隧道失火时，应将汽车迅速驶出道路，以免毁坏设施造成交通中断。

（13）高速公路行车发生火灾时，应将汽车停靠在路肩上并尽可能地远离高速公路的收费站、服务区、停车场等公共场所，不得将汽车驶进服务区或停车场灭火。

特别提醒

注意事项

（1）当汽车发生火灾时，首先要注意人身安全，包括驾驶人、乘客和汽车周围的人身安全。

(2) 火焰包围，辨认方向。在汽车中一旦被火焰包围，辨别不清方向时，应沉着冷静，首先注意倾听外面人们的呼救声以辨别方位。另外用身体接触周围物体，从物体位置上辨别方向和自己所在的位置。也可以蹲下身体，使头部尽量靠近地面，因为地面火势小，也没有烟雾，易于辨认方向。通常，烟火的走向便是一个出口，在弄不清方向时，身体应顺着烟火的流动方向移动，寻找出口。

(3) 明确不同型号灭火器的性能，选择适用于具体着火物的灭火器灭火。水可以用于熄灭木材、纸张、布匹和轮胎引起的火灾，但不能用来熄灭电器、汽油着火。汽油引起的火灾，不可用扑打和浇水的方法灭火，只能用灭火器或者沙土、衣物等覆盖的方法来灭火。

215. 客车发生火灾时如何避险？

图 9-22　客车火灾的逃生

如果客车发生火灾，驾驶人首先应考虑到救人和报警，冷静果断地根据着火的具体部位确定逃生和扑救方法。客车火灾的逃生如图 9-22 所示。

(1) 如果着火的部位是汽车的发动机，驾驶人要开启所有车门，让乘客下车，再组织扑救。如果车上线路被烧坏，车门无法打开，乘客应击碎玻璃就近下车。

(2) 当驾驶人和乘车人员衣服被火烧着时，如时间允许，可以迅速脱下衣服，用脚将火踩灭；如来不及，乘客之间可以用衣物拍打或用衣物覆盖火苗，或就地打滚压灭衣服上的火苗。

(3) 油料着火千万不能用水泼，可以采用篷布、湿衣服、沙土等把火压灭。

(4) 客车车厢着火，驾驶人要立刻打开车门，让乘客尽快下车，如果来不及从车门下车，可以砸碎车窗玻璃从车窗跳出。

———————————— 特别提醒 ————————————

大型客车内一般配备有救生锤，救生锤的端部为圆锥状的尖端，当用锤敲击车窗玻璃时，尖端能对玻璃产生较大的压强。汽车的车窗通常为钢化玻璃，当玻璃受到敲击时会产生许多蜘蛛网状裂纹，此时只要再轻轻地用锤子敲击几下就能将玻璃碎片清除掉。

钢化玻璃的四角和边缘受到冲击力容易开裂，因此，应该用救生锤敲击玻璃上侧。

216. 汽车发生火灾后车内人员如何自救？

当汽车发生火灾以后，浓烟严重威胁生命。因为里面含有大量塑料燃烧产生的一氧化碳和其他有害气体。大多数火灾死难者是因缺氧窒息和烟气中毒导致死亡的，而不是直接烧死。因此，当被烟火包围时，首要的任务是设法逃走。

（1）用湿毛巾、口罩蒙鼻，防止烟雾中毒，预防窒息。当汽车发生火灾后，要戴上防烟头套，如果条件不允许，也可以采用身边的矿泉水、饮料蘸湿毛巾、手绢或衣物后捂住口鼻，它可以过滤掉烟中的碳粒子，防止咳嗽和被烟雾呛晕。将衣物弄潮湿，在不被困在火里的情况下，冲出浓烟区。

（2）低身行走，贴地爬行，规避烟尘。当汽车失火后，由于火势会顺空气上升，在贴近地面的空气层中，烟害往往是比较轻的。此时如果自身无法自救，应该俯身弯腰在浓烟中摸索着可以在地上爬行或爬在车内等待救援，以躲过浓烟，并将嘴鼻放在最低点。当可以从车内出来时，也应弯腰或爬着出来。因此可以较好地规避烟尘，也可以避免被火焰直接灼伤。

特别提醒

汽车发生火灾时，烟气的流动方向就是火焰蔓延的途径，烟雾会随着人的喊叫吸进呼吸道，从而导致严重的呼吸道和肺脏损伤。因此，在火灾现场不要大喊大叫，应保持沉着冷静。

（3）身体猛压火焰，冲出一条路。当火焰逼近自己，无法躲避时，应用身体猛压火焰，冲出一条路。冲出时，要注意保护暴露在外面的皮肤，不要张嘴呼吸或高声呐喊，以免烟火灼伤上呼吸道。涤纶、尼龙、维尼龙等化纤产品的布料都是易燃品，禁止穿着用这些布料做的衣服接近火源，应及早将其脱去，以防烧伤。

（4）压灭身上的火焰。一旦人脱离火海发现衣服着火时，千万不要狂奔乱跑。奔跑后火焰会更大，而且还可能把火种播散，引发新的火灾。此时，应迅速脱去燃烧的衣帽，或直接就地翻滚，以压灭身上的火焰。

─────── **特别提醒** ───────

自救互救要领

（1）用浸湿的布或毛巾堵住口鼻，可防止被浓烟呛晕。

（2）在浓烟中逃生时，尽可能俯身或匍匐前行。

（3）口鼻要离地 5cm。

（4）火势不大时，要披上湿衣或者湿被逃离火场。

（5）严防烟雾伤害，可利用爬行、蹲行等方法，用湿毛巾掩住口鼻逃生。

217. 有人身上着火，烧伤时如何避险？

当衣服着火时，应采用各种方法尽快地灭火，如水浸、水淋、就地卧倒翻滚等。千万不可直立奔跑或站立呼喊或用手拍打，不仅助长燃烧，还会引起或加重呼吸道烧伤。必须立即设法脱掉衣服，或者就地打滚，压灭火苗。

当发现有人身上着火、烧伤时，应采取的应急措施如下。

（1）采取有效措施扑灭身上的火焰，使伤员迅速脱离开致伤现场。

1）快速在地上滚动，直到火灭。注意不要滚落到旁边有可能损伤自己的地方。

2）旁人想法用地毯、毛毯等衣物将其裹住，裹得越严越好。

3）拨打急救中心电话，立即送往医院。

（2）在火场，对于烧伤创面一般可不做特殊处理，但为防止创面继续污染，避免加重感染和加深创面，可用三角巾、大纱布块、清洁的衣服等给予简单而确实的包扎。

（3）合并伤处理。有骨折者应予以固定；有出血时应紧急止血；有颅脑、胸腹部损伤者，必须给予相应处理，并及时送医院救治。

（4）简易急救后，迅速送往临近医院救治。护送前及护送途中要注意防止伤员休克。搬运时动作要轻柔，行动要平稳，以尽量减少伤员痛苦。

─────── **特别提醒** ───────

（1）禁止用灭火器直接往人体上喷射。

（2）在创面处理过程中，尽量不要弄破水泡。禁止用紫药水一类有色的外用药涂抹创面，以免影响烧伤面深度的判断。

（3）手足被烧伤时，应将各个指趾分开包扎，以防止粘连。

218. 烧烫伤可以采取哪些应急措施?

（1）小范围烧烫伤之后，最及时的、最科学的办法，就是尽快进行冷处理。就是将烫伤部位放在凉水中，或放在自来水下不断冲洗。一般冲洗时间约 30min。即便起了水泡或是水泡破了也不要担心是否会感染，要继续用凉水冲洗。一直要冲洗到当不用冷水冲洗时，病人也不感觉疼为止。这是最佳的停止冷处理的时机。也可以用冰冻的啤酒瓶、可乐瓶等其他东西，用布或毛巾包好后，冰敷在创面上。这样做可以止疼和减少创面的渗出。为创面的处理做好准备。

（2）酸、碱造成的化学性烧伤的紧急处理措施。对于酸、碱造成的化学性烧伤，早期应以大量的流动清水冲洗，而不必一定要找到这种化学物质的中和剂。过早应用中和剂，会因为酸碱中和产热而加重局部组织损伤。

219. 转送烧伤患者应注意哪些事项?

部分烧伤患者需要转送到医院继续治疗。在患者转送和搬运过程中要注意以下几点。

（1）要在患者病情稳定后再转送。有的烧伤患者，特别是大面积烧伤患者，早期常常出现休克的表现。首先要进行抗休克治疗，待病情稳定后再转送病人。转送患者时，要准备一些镇痛药物、葡萄糖溶液、盐水等，患者通过口服一些液体防止休克。同时做好记录。

（2）如果转送过程超过 1h，要注意给患者补充水分。可以通过静脉补充等渗盐水，也可口服含盐液体。但不可单纯口服大量白开水，防止出现脑水肿。

（3）如果利用汽车转送患者，行车时要注意患者身体的稳定，特别要保持烧伤创面的稳定，减少因行车颠簸造成的疼痛和不适。由于行车惯性的原因，途中患者身体尽可能与汽车行驶方向垂直，或头部在后，脚部在前；上下坡时，要尽量保持患者身体水平，头部过高容易造成脑缺血。

220. 汽车自燃如何避险?

汽车自燃的原因大都是因漏油、漏电而造成的。

（1）如果汽车在行驶中闻到异味，或见到车内冒出不明烟雾、起火时，驾驶人应立即熄火停车，拉好手刹，切断电源，同时关掉油箱开关，并取出灭火器给油箱和燃烧的部位降温灭火，如图 9-23 所示（见文后彩插）。千万不要盲目打开发动机舱盖检查，而要利用车载的干粉灭火器对准车前散热口或汽车底部，进行喷射灭火，视情拨打119求救。

（2）如果汽车因撞车、翻车引起大火，要本着先救伤员再灭火的原则，根据火情采取相应措施，对汽车大火实施扑救。如果火情危及周围民房、电线，要迅速采取隔离措施，防止火势蔓延。

特别提醒

夏季如果车辆的门窗紧闭，在阳光下暴晒时间过久，车内温度最高能够达到$50\sim70℃$，这时车内的打火机或装在压力容器里的喷雾剂等物件，都很可能因高温发生爆燃，从而引起汽车燃烧。

221. 汽车自燃的前兆有哪些?

一般情况下汽车自燃先是冒烟，然后才会燃烧。

汽车自燃前的6个征兆是：①橡胶烧焦煳味；②塑料烧焦煳味；③浓浓焦煳味；④未燃烧的汽油味；⑤蓄电池的刺鼻味道；⑥冒烟。

（1）橡胶制品烧焦煳味。皮带和轮胎都是橡胶制品，一旦出现问题都有可能发出橡胶制品煳味。这种气味很容易分辨，一旦出现，首先就要检查皮带、制动蹄片及轮胎，看看这些部位的橡胶制品是否松弛打滑或者过热。如果查明是制动器或轮胎发出的气味，应立即熄火停车，最好停在阴凉的地方，自己凉快会儿，让车子也凉快会儿，等散热后再行驶。

（2）塑料烧焦煳味。这种情况大多是电器线路老化、短路所致。电线的外部包皮很薄，所以气味不是很大。但当电器线路短路时，多伴有局部冒烟或发热的现象，时间长了，容易引起燃烧，引发火灾。遇到这种现象，必须马上停车找出原因，别看电器线路烧损的气味不大，但危险指数却是非常高的。一般情况下，夏季发生电器线路温度过高的情况会更多，如果没及时发现，很容易造成电器线路彻底损坏、甚至整车自燃等现象。

（3）浓浓焦煳味。在行车过程中如果闻到非金属材料烧煳的特殊气味，一般是由离合器摩擦片烧损或过热造成的。这种煳味中还会夹杂着焦臭味，因为离合器片的材质是由橡胶和石棉等多种材料复合而成的。如果离合器使用起来很正常，也没有明显的难挂挡或起步困难的情况，并且下车闻到的气味来自车的后部，那么就要检查后制动系统有无过热现象了。有些粗心的驾驶人在拉着手刹的情况下强行行驶，这会让后制动片抱死，也会产生焦煳的气味。

（4）未燃烧汽油味。如果汽车行驶车厢内总能闻到很重的未燃烧的汽油味，那就应该引起驾驶人的高度注意了。应立即熄火停车，确定漏油的部位（大多数漏油都是在底盘位置）和程度后才能再次上路行驶。如果油箱漏油，可用嚼过的口香糖堵在漏油部位，然后尽快送修。

（5）蓄电池臭味。出现这种情况大多是电解液泄漏或亏损，电解液泄漏时会产生一种刺鼻的味道，这种现象多发生在湿式蓄电池上。如果电解液消耗过多或亏损时，汽车发电机会向蓄电池强行充电，这会使蓄电池充电过热而冒白烟，气味更加难闻。发现这种问题，应当及时补充电解液，并给蓄电池充电。

（6）冒烟。车头冒烟的原因有可能是线路短路、发动机温度较高、蓄电池漏电冒烟等；车尾冒烟有可能是油箱泄露遇到高温燃烧不充分产生的黑烟，也有可能是车尾内部电池短路造成等。

特别提醒

电动汽车自燃的最主要元凶是电池问题，汽车动力电池一般以使用磷酸铁锂电池和三元锂电池为主，而为了解决续航问题，很多车企都会选择三元锂电池，但是在稳定性方面不及磷酸铁锂电池，在极端条件下容易发生自燃甚至爆炸。

---

222. 如何防止汽车自燃？

（1）定期检查汽车的关键部位，比如电动车的高低压电线，蓄电池电线，电器电线等，杜绝一切安全隐患，发现有破损的电线应该及时修复。

（2）车内不留危险物品。日常生活中的打火机、香水、空气清新剂等也是构成汽车火灾的危险品，这些物品如果放在车内，汽车经过暴晒后可能导致爆炸。此外，普通汽车应尽量不载放汽油、柴油等危险物品。

（3）避免长途行驶，行驶时长超过 4h 应该休息至少 20min，这样不仅对自己好，而且对车辆也是一种保护，避免车辆自燃。

（4）准备好消防灭火设备，应该在车尾箱备好灭火器及一些医疗用品等，灭火器只能对一些刚开始小火进行破灭，最好就是多备几个，大火难以扑灭时请逃离现场并拨打 119 求助。

特别提醒

（1）驾驶人应在平时就学会灭火器的正确使用方法，并检查灭火器是否能正常工作。

（2）最好投保汽车车损险。自2020年9月19日起开始施行的车损险主险条款，在现有的保险责任基础上，增加了机动车全车盗抢、玻璃单独破碎、自燃、发动机涉水、不计免赔率、无法找到第三方特约等保险责任，为消费者提供了更加全面、完善的车险保障服务。

223. 如何防止静电引起汽油着火？

汽油在运输和灌注过程中，与其他物质摩擦会产生静电。如果容器不接地，静电会越积越多，很容易发生静电着火，引起火灾。

为了防止静电着火，储存和灌注汽油的容器、管道、设备等都应安装接地装置。往油罐或油罐车装油时，输油管要插入油面以下或接近罐的底部，以减少油料与容器的冲击和与空气的摩擦，输油速度不要太快。装卸或输送油料时，不要在油管出口上安装过滤袋，不要用汽油使劲揉搓毛织物或人造纤维织物。

运送汽油的油罐车，必须有接地铁链。泵送汽油时，除保证铁链接地外，还要将车上油管接地线插入地下，并不得浅于10mm。平时不要用塑料桶存放汽油。尽量避免在雷雨天气及高压线下进行汽油作业。

224. 添加汽车燃油时如何防火灾？

开车去加油站加油，要有安全防范意识。汽车在加油站加油的过程中，由于种种原因，会使加油站的空气中弥漫着汽油蒸气。在这样的环境下，很容易引起火灾和爆炸。

（1）不要在满载乘客的情况下给汽车加油。为了确保安全，尽量不要驾驶满载乘客的汽车去加油站。车内的乘客越多，危险因素也就越多。特别是校车，如果载有学生时给汽车加油，属于交通违法行为，校车驾驶人将要被记2分。

（2）等候加油时要让发动机熄火。发动机运转时，排气管、消声器的温度很高，排出的废气还可能夹杂有火星。因此，当汽车进入加油站等候加油的时候，应该让发动机熄火，等到前车加油完毕，再重新启动发动机，将车向前移动。

（3）加油时要让发动机熄火。在发动机运转的情况下给汽车加油是非常危险的。因此，在开始加油之前，必须将汽车的发动机熄火。在汽车加油之后，应该确认已经拧紧了油箱盖，才能启动发动机。

（4）不要在加油站使用手机。在加油站等候加油，或者在加油的过程中，不要拨打或接听手机。手机属于非防爆通信设备，在加油站拨打或接听手机会增加引发火灾的可能性。为了保险起见，在进入加油站之前，最好将手机关闭；等到离开加油站之后，再打开手机。

（5）加油失火，不要惊慌。正规的加油站都有防静电装置，一般加油不会起火，但也有例外。当汽车在加油过程中起火时，驾驶人切记不要惊慌，立即停止加油，并迅速将车开出加油站。在第一时间内拨打119报警，然后用随车灭火器或加油站的灭火器以及衣服等将油箱上的火焰扑灭。如果地面有流散的燃料着火，应用灭火器或沙土将地面火扑灭。

特别提醒

尽量不要在雷雨天气给汽车加油。在汽车加油的过程中，一部分汽油蒸气散发到空气中，如果遇到雷电，后果将十分危险。

----

225. 如何预防汽车火灾？

（1）日常检查，防止火灾。做好汽车的日常检查，防止电气线路故障或接触不良以及漏油、漏气等现象的发生，这是预防汽车火灾最有效的手段。

（2）汽车故障导致的汽车自燃，主要包括电路和油路方面的原因。

1）电路方面的原因。由于发动机工作时发动机舱的温度较高，其附近导线的外表绝缘皮容易老化而降低绝缘性能，或者是因长时间的使用，线路自然老化、导线电阻增大而使导线发热和短路。蓄电池电力不足，或者接线柱接触不良、接点松动发热，可能引燃导线绝缘层。发电机输出电压过高造成充电电流过大，或者汽车行驶的振动以及温度变化而使导线表皮破损短路、线路接点松动、阻值增大而发热，也会引燃绝缘胶皮，造成火灾。

2）油路方面的原因。发动机附近的油管破损、油管接头松动，泄漏的燃油滴落到排气管等高温机件，造成火灾。

（3）车上装载易燃易爆物品引起的火灾。在运输易燃易爆物品时，由于密封不良而泄漏，遇到外界明火时被点燃；汽车行驶中的颠簸振动或者静电作用，使车上装载的易燃易爆物品自燃。

（4）车内人员造成的火灾。如驾驶人或乘客在车内吸烟时，不慎点燃了车内的易燃物品。还有些吸烟的驾驶人，总习惯把打火机放在挡风玻璃内侧的仪表板上方，在夏季阳光的直射下，打火机内的液体燃料气化膨胀，发生爆炸引起火灾。

226. 汽车遭遇森林火灾时如何避险？

当驾车进入山林地带而陷入火灾困境时，避险方法如下。

（1）如在汽车上遇到森林大火，如果可以的话，马上驾车逃离。

（2）不要驾驶汽车通过浓厚的烟雾地带。

（3）把汽车停放在远离大量植物生长的地区。

（4）把汽车的前照灯打开；关闭车窗和通风系统，可以免受热辐射。

（5）将车开到低的地方。

特别提醒

森林火灾逃生自救三大法则

（1）迎风向下突围。不要顺风逃跑，这样极易被火追上。也不要往地势高的地方逃生，应该沿着逆风的方向，选择植物稀疏的线路逃生。

（2）顺风方向点火。万一周围被火包围，在时间允许下可以在自己所处位置顺风点火，将山林烧出一个安全区，这个区域就是"火烧迹地"。

（3）俯卧曲卷避险。被火围住后，当火势临近，应选择植物较少处或者下峰侧石后躲避，切不可选择低洼或者洞、坑，因为这些地方容易积尘。为防止烟气侵入可以用湿毛巾或者衣服堵住口鼻，双手抱头向下蜷缩。

227. 汽车发生爆炸时如何避险？

汽车爆炸的事很少发生，一旦发生便会造成较大的危害。爆炸的发生，一般是危险品装运不当、撞车碰到燃油箱或火灾中燃油箱燃烧时间过长所致。当有爆炸危险时，驾驶人应驾车迅速驶离人群，避开危险区。当爆炸来临时，应在爆炸前迅速就地卧倒，充分利用地形地貌，尽量选择爆炸物不易飞进的死角躲避，如凹地、土坡等。卧倒时头部朝着爆炸中心相反的方向面朝下，两臂护在脑后。禁止使身体暴露在危险的空间，以免遭受伤害。

汽车一旦发生爆炸，往往不止爆炸一次，通常会引燃装载的易爆物品或汽油，在发生第一次爆炸后，还有后续爆炸。对此要有充分准备，禁止一次爆炸后立即接近汽车，以防后续的爆炸。

九、 汽车落水、 触电

228. 汽车落水时如何避险？

汽车落水后，平稳的心态是能否成功脱险的关键。汽车落水后最重要的两点：一是离开汽车；二是设法浮上水面，如图 9-24 所示（见文后彩插）。

（1）保持清醒的头脑，确定逃生的路线和方案。汽车刚落水时，车内不会很快被水填满，此时不要惊慌。应迅速辨明自己所处的位置，确定逃生的路线和方案，通常有 3～5min 的充足时间以逃生。在汽车进水过程中，还要保持面部尽量靠近车顶，始终要将口鼻保持在水面以上，以获得更多空气。不得采用关闭车窗阻挡车内进水或打急救电话告知救援人员等错误方法。

（2）要抓紧时间，选择车窗尽快逃生。在汽车刚刚落水的时候，此时汽车不会马上沉下水里去（任何汽车完全没入水中的时间不少于 5s）。如果是轿车，往往车头比较重，因此，总是车头先向下沉。当汽车的前排座椅被水淹没时，后排座椅处的水位还比较浅，前排座椅的人员要迅速向后排座椅转移，用力推开后排座椅处的车门，或者砸碎后排座椅处的门窗玻璃逃出车外。当车内水位低于车门的 1/3 时，车门内外水的压力相差不大，且电路仍能正常工作，这时应迅速打开电子中控门锁和车窗玻璃，推开车门，解下安全带，逃出车外。只要水位没有超过车窗，车门都可以打开，即使是女驾驶人，使用全力也可以打开车门。

（3）硬物砸窗，从车窗或天窗逃生。如果车进水很快，且迅速下沉，此时水给车门的压力也增大，车门将无法打开。应当在车落稳后，需要借助工具破窗逃生。通常前后风挡玻璃是很难敲碎的，最佳的破窗路线是汽车的侧窗。而侧窗玻璃砸碎时，碎玻璃会连水冲入车内，应小心避免玻璃划伤自己。

（4）离开车时，面部朝上。一旦逃出车外，尽量保持面部朝上。如果汽车有天窗的话，也可以选择砸碎或推开天窗逃生。特别是在汽车未沉没的时候，天窗是最好的逃生路径。浮升时，要慢慢呼出空气。

（5）浮上水面，速度要快。当玻璃击碎后大量水涌入，要一手扶住安全带随时准备解开，另一只手扶住车门把。稳住身形后，寻找漂浮物放在身边，解开安全带逃生。若安全带无法解开，可利用安全锤上的刀片或其他尖锐物品割断安全带。如果车里不止一人，应手牵头手一起出来，要确定没有留下任何人。

───── **特别提醒** ─────

水边停车，应该侧向

为了预防汽车落水，沿水边停车时不要将车头对着水面，应侧向停车。若停车时不得不面向水面，请离车时挂倒挡，并拉紧驻车制动器手柄。若背对水面停车，换挡时请先用驻车制动器制动，以防意外。

229. 汽车触电如何避险？

触电是由于人体直接接触电源后，一定量的电流通过人体，致使组织不同程度的烧伤、出血、焦黑和功能障碍甚至昏倒、死亡。触电时间越长，机体的损伤越严重。触电急救的基本原则是在现场采取积极措施保护伤员生命、减轻伤情，减少痛苦，并根据伤情需要，迅速联系医疗部门救治。

当汽车触电时，最重要的抢救措施是先迅速切断电源。拨开电线时，救助者应穿上胶鞋或站在干的木板凳子上，戴上塑胶手套，用干的木棍等不导电的物体挑开电线。以防出现救护者同时触电的惨剧。

如果汽车在行驶途中接触外电带上了电，一定不要惊慌，要老实地待在车里。或通过车外人员请电力部门停电，开车脱离电源，或通过另外一辆车将车顶车，要保证电线不会甩到车外人员或别的车上。汽车带电时，不能用钢丝绳拖拉，以免造成事故。若上述措施均不便实施，汽车不能摆脱电源时，可双手不触及车体，双脚并拢从车上跳下，跳下后继续双脚跳出一段距离，如图 9-25 所示（见文后彩插）。不到万不得已时，不要采用这种措施，因为跳不好就会发生危险。

十、　汽车突发事故

230. 驾车时发生地震如何避险？

（1）如图 9-26 所示（见文后彩插），当驾车行驶时突然有震感，应立即把车停在附近空地或路边上，牢记一定不要将车直接停在路中央，还要远离楼房、电线杆和高大建筑物等。如果周围没有开阔地带可以临时躲避，则应立即减速停车，将车停靠在路边，打开警告灯，迅速找到相对安全的开阔地躲避风险，等地震过后再上路行驶。

图 9-27　利用车身做掩体

（2）发生地震时如果在停车场，可在两车之间的位置趴下或者就势卧倒，利用两车之间的空隙做掩体，可以防止上方坠落物对人体的伤害，如图 9-27 所示。

（3）地震时行车，千万不要进入长桥、堤坝、隧道，如已进入要快速离开，如图 9-28 所示。

在地震时如果被困隧道，可通过隧道旁边的逃生门逃生

图 9-28　进入隧道要快速离开

有必要避难时，为不致卷入火灾，请把车窗关好，车钥匙插在车上，不要锁车门，要和当地的人一起行动。

（4）乘客应用手牢牢抓住拉手、柱子或座席等，并注意防止行李从架上掉下伤人。面朝行车方向的人，要将胳膊靠在前座席的椅垫上，护住面部，降低重心，身体倾向通道，两手护住头部；背朝行车方向的人，要两手护住后脑部，并抬膝护腹，紧缩身体，降低重心，做好防御姿势，以免地震时被摔倒。

（5）确认地震过后再重新上路。地震结束后有些地方的地面会出现裂纹、塌陷或鼓包，因此在驾车时要更加留意路况，不要开快车。如果车已经被陷，就应该立即离开汽车，寻找附近安全的地方临时避难，汽车再宝贵也没有生命重要。如果已经离开汽车，并且在公共场所避难，不要惊恐，防止人多而导致拥挤。保持镇静，服从救援人员安排。另外，震后应服从灾区应急交通指挥，不妨碍城市应急救援车队的行动。

特别提醒

（1）不可在地震中开车逃生，也不可紧急制动，以免引发堵塞和追尾事故。

（2）如果地震初来的时候汽车还在桥梁、隧道、堤坝上行驶，或者是在高层楼群之间行驶，可加速通过这些地带。

（3）地震发生的时候不要躲在车内，也不要将车开往地下停车场。若是公共汽车，驾驶人应立即在路边停车，立即下车，向人群集中、没有高大建筑物的地方奔跑，人群集中的地方往往也是震后救援集中的地方。

(4) 禁止车没停稳，便从窗户跳出。乘客拥挤在车门口，发生摔伤、踩压等事故。

231. 前挡风玻璃破碎如何避险？

汽车在行驶途中遇到挡风玻璃破碎时，如图 9-29 所示，驾驶人要保持镇定，根据当时的交通情况，适当踩下制动踏板降低车速，并尽快将车驶离车道，停在路边。千万不要突然转动转向盘，或过分用力制动，以免汽车失控，如图 9-30 所示（见文后彩插）。

图 9-29　挡风玻璃破碎

如果要在没有风窗玻璃的情况下继续行驶，就要把碎裂的风窗玻璃敲下来并把所有车窗关紧之后，才可开车。但车速不要过快，否则车内气压太高，可能会把后窗玻璃迫得飞脱出来。

特别提醒

有时挡风玻璃会因异物撞击而产生裂痕或漏洞，大部分驾驶人不会立即更换。但如果裂痕已经达到或接近玻璃的边缘，应尽快更换，以免在高速行驶时发生破碎。另外，贴膜可以有效防止挡风玻璃破裂后玻璃碴四处飞溅。

232. 车灯突然熄灭如何避险？

（1）夜间在无灯光的道路上行车时，如果前照灯突然熄灭，如图 9-31 所示（见文后彩插），则要沉着果断，稳住转向盘，迅速松开加速踏板，踏下制动踏板，让汽车尽快减速靠边停车。及时开亮示宽灯、雾灯，必要时也可使用转向灯暂时照明。在后面有尾随汽车的情况下，不可制动过猛，以免发生追尾事故。如果后面没有尾随的汽车，要控制好行车方向，防止汽车跑偏，同时要加大制动强度，使汽车尽快减速停车。

（2）前照灯突然熄灭是十分危险的，一时不能修复，那么按规定是不可继续行驶，特殊情况时可暂用其他灯代替。如果所有车灯光都熄灭，可借助月光低速行进。为了能较清楚地观察道路，驾驶人可将头探出车外瞭望，注意选择路线，保持在道路中央行驶，若道路两旁有树或电线杆，可作为路宽的标识。具体紧急处理方法如下。

1）大灯损坏。如果仅是大灯突然熄灭，可立即打开示宽灯或驾驶室内的顶灯，然后小心地把汽车驶到道路边，进行修理。

2）所有灯光均熄灭。如果所有灯光均熄灭，此时应按照灯光熄灭之前观察到的路面情况，集中精力把握住汽车的行驶方向，使汽车按照原来行驶的路线前进，同时，还要迅速放松加速踏板，尽快熄火靠边停车。

3）设置警示标识。当汽车停到路边以后，为了防止其与来往汽车发生碰撞，停车后，可以就地取材，采用手电筒、烛光、红色或白色等衣物设置警告标识。

4）途中的处理。如果灯突然熄灭时，汽车处于人迹稀少的地区，而故障一时又不能排除，为了安全，也可以借助月光和行道树，采用慢速、多鸣喇叭的方法，将汽车驶到安全地区，待天亮后再进行处理。

特别提醒

在月光下，判断道路情况的基本规律可以概括为：亮水、白路黑泥巴。也就是说，在没有车灯的情况下，观察到发亮的大多为水，发白的才是路。

233. 水箱"开锅"时如何避险？

汽车在行驶的过程中，冷却液温度一般要求不能超过95℃，当水温达到100℃时，冷却液沸腾甚至喷水，这就是汽车"开锅"。汽车"开锅"的征兆，主要有发动机盖内突然冒出白色的水蒸气、汽车仪表盘水温表指针快速上升至高温"H"记号位置、水温报警灯亮起闪烁报警等。

发动机"开锅"说明发动机冷却系统工作不良，或者发动机润滑不畅，冷却风扇故障等，会直接影响到汽车性能，使汽车抛锚，甚至损坏发动机。

（1）遇到冷却液温度过高报警时，注意不要慌张的急停，以防后方汽车追尾。应首先减速，然后把车开到路旁不妨碍他人的地方停车，停车后，要及时打开汽车前的发动机盖子，以提高散热速度。不要急于关闭发动机，而应暂时保持怠速运转几分钟，设法降温后再熄火。这是因为水温过高，会导致活塞、缸壁、气缸、曲轴等温度过高，机油变稀，失去润滑作用。如果此时熄火，机件都处于膨胀状态，各配件间隙很小，停机后造成有些软金属脱落，有的甚至会造成粘缸。

（2）在水温降下来之前，不要随意用手触摸发动机或水箱的任何部位，以免烫伤，如图9-32所示（见文后彩插）。等到水温表指针降到安全合适的温度后（指针在H和L之间），戴上手套，再在水箱盖上加一块多片折叠的湿布，轻轻地将水箱盖拧开一个小缝，等水蒸气慢慢排出，水箱压力降下来后，再开盖补充温水或防冻液（不能停车就加）。降温时切忌泼冷水浇发动机，这样可能造成发动机缸体由于骤冷而炸裂。

（3）若发现水箱中防冻液严重亏欠，要及时补充同一品牌的专用防冻液。要特别注意不要加自来水，因为自来水中含有的氯气成分会对水箱、发动机等系统产生腐蚀、锈蚀，使冷却系统冷却不顺畅，造成发动机温度过高。

（4）发动机温度过高时，可通过上水管与下水管的温度来判断故障所在，若两水管温差较大，即可判为节温器不工作，在途中若一时购不到配件，可拆除节温器应急，到目的地后立即更换。图9-33所示为节温器实物图。

图9-33 节温器实物图

234. 行驶途中出现跑掉车轮如何避险？

行驶途中出现跑掉车轮，如图9-34所示。如果掉的是前轮，应该在速度允许和方向可控制的情况下谨慎制动，依靠车子的后轮制动有效降低车速，然后尽快靠路边停车。

图 9-34　跑掉车轮

不过前轮掉轮的情况实在是太危险了，能否化险为夷，要看汽车当时的速度，驾驶人临危的心态、根据实际境况的判断和反应速度等因素。

如果是后轮，情况还稍好些，这时需要驾驶人全力控制汽车的方向，谨慎制动的同时，打开转向灯，尽快地靠向路边。

如果经过检查，发现前后桥及悬架系统没有明显的损伤，驾驶人可以换上备胎，试着上路，若无备胎，又丢失两个或两个以上螺母时，应从另外 3 个车轮上每轮取下一个螺母来暂时固定这个车轮，汽车返回后及时补齐所缺螺母。

其实只要注意，完全有可能在汽车掉轮前发现隐患，当车轮上的 4 个螺母松动时，车子会产生轻微的摇摆，随着螺母的接连脱落，摇摆的幅度随之增大，那感觉有点像汽车的大架开焊，谨慎而敏感的驾驶人会在转向盘和车身的异样反应中捕捉到这些不祥的信息，从而及时避免危险的发生。

最稳妥的做法还是防患于未然，只要在上车前，看一眼车轮的固定螺母是否松动，如果再勤快点的话，用脚蹬一下轮胎，感觉它是否有松动的迹象，就更加保险了。

235. 开汽车空调器时如何预防一氧化碳中毒？

只要注意轿车内经常通风换气，一般是不会发生一氧化碳中毒的。但必须注意以下两个问题。

（1）平时最好不要在轿车内留宿或把车停在密闭的车库内睡觉，需要在车内休息时，要打开车窗保持空气流通，切勿麻痹大意。

（2）如果将汽车停在车库里休息，且车内空调打开着，此时不仅要打开车窗，也不要把车库卷闸门全部关死封闭。如车库卷闸门全部关死，这就隔断了外界与车库内的空气流通，车库内的氧气是有限的，即使此时车窗打开着，这也是很危险的。

236. 电动汽车行车时如何避险？

（1）行车过程中电池发生高温、冒烟时应急措施。电动汽车冒烟如图 9-35 所示。

图 9-35 电动汽车冒烟

驾驶人在行驶中要特别注意高温报警和电池仓，如果发现某只电池的温度过高，则需停车打开电池仓盖查看电池，如有异味或电池仓内有烟冒出。则应按以下措施进行处理（图 9-36 见文后彩插）：①将汽车停靠路边；②切断车体高压；③打开电池仓盖；④手动解锁，用力将电池拉出车体，尽量将电池远离车体，操作过程中应避免被电池箱滑出时砸伤；⑤电池拉出后，尽量将车与电池隔离 5m 以外；⑥用于粉灭火器灭火（磷酸铁锂电池可以用 水、黄沙、灭火毯、土壤、干粉灭火器、二氧化碳灭火器扑灭）。如有消防队到来，尽量阻止其用水冲电池，防止更大规模的电池短路造成电池燃烧发生，但在事态无法控制时，可用大量水进行处理。

（2）汽车发生碰撞时应急措施。当汽车有发生碰撞可能时，在保证人身安全的情况下，尽量避免在电池箱部位发生碰撞。如在电池箱部位发生碰撞，要迅速断开整车高低压开关，然后拽出动力电池。

（3）电动汽车起火。汽车行驶中机舱电器起火主要原因有电机控制器故障元件温度失控、电线插头接触不良，通电时打火引燃电线绝缘层破损及动力电池内部故障等。当出现汽车起火时，应该迅速停车切断电源，取下随车灭火器，依据实际情况采用不同灭火方式。灭火器的种类有水基、二氧化碳、ABC 干粉灭火器等。

───── 特别提醒 ─────

电动汽车如何安全充电

（1）在使用方面，建议电动汽车用户在春秋两季的时候可以选择快速充电，或者交流充电。

（2）在夏季高温时，充电时应该将运行车辆在阴凉处静止 20min 左右后再进行直流充电。在夏季应尽量避免急加速行驶，毕竟夏季路面高温高达 50~70℃，电池组的散热能力将会受到些许的影响。在冬季，充电时应该将车辆行驶一段时间后立即进行直流充电，保证电池组温度在合理的范围内，充电正常，保证充电效率。

（3）汽车充电过程中，密切关注电池电压、电流等参数变化，如出现参数异常，超出充电技术参数最大限制，应立即停止充电，并及时汇报。如发现异味、电池燃烧等情况，应立即切断电源，利用灭火设施灭火，并尽快使发生故障的电池组与汽车分离。

237. 汽车加速踏板卡死如何避险?

所谓加速踏板卡死，一般来说就是把加速踏板踩下去，但是加速踏板自己不跳回来了，或者是跳回来的速度很慢，这时候车子就是高速行驶，这肯定是十分危险的。

（1）立刻挂入空挡。出现加速踏板卡死时，首先不能紧张，应双手用力握紧方向盘，控制好汽车的方向，如图 9-37 所示（见文后彩插）。千万不要低头去捣鼓。低头的视线不好，更重要的是身体扭动方向握不稳，非常危险，容易引发交通事故。

（2）把车子挂到空挡，手动车型，要迅速踩下离合器，切断动力；自动挡车型，因为没有离合器，需要把车子挂到 N 挡上，此时发动机因无变速箱负载会瞬间超转，但计算机为了保护发动机也会立刻介入而断油，如果此时踏板经踩踏后仍失效卡死，会听到发动机传速提高又立刻断油，转速会一直重复不断起伏，就类似气喘病人一样，在短时间内发动机并不会受损，千万不要被瞬间的发动机声吓坏了，此刻救命第一。当车速慢下来的时候，再去踩制动。

（3）不要紧急制动，先保证行车安全，用脚用力往后搓加速踏板。加速踏板卡死基本都是由于往前搓卡住的。

（4）注意前后车辆。打开警示灯靠右减速滑行至路旁。速度降下来之后，如果遇到行人等危害行人安全的，可以采取一侧撞击护栏，摩擦制动等方式，让车子停下来（这个时候最重要的是人的安全）。

────── **特别提醒** ──────

　　加速踏板卡死时可直接推入空挡，但是千万不能直接将发动机熄火。这样会造成方向助力和制动全部失灵，还会造成方向盘锁死。

238. 发动机盖突然弹开如何避险？

　　因为发动机盖突然弹开所引发的交通事故并不少见，尤其是在高速公路上，如图 9-38 所示（见文后彩插）。但只要驾驶人沉着镇定，措施得当，也能化险为夷。

图 9-39　钩锁磨损了

　　当发动机盖弹起的一刹那，驾驶人应沉着减速，一边握稳方向盘，一边斜着身子将头向左侧车窗伸出来，观察路况，小心会车。驶出 100 多米没有来车后，马上稳踩制动，靠边将车停下，检查发动机盖，若没有变形可关上再开一段时间看看，如果不再弹开就是上次没扣紧；若再弹开则应检查是不是钩锁磨损了勾不紧了，如图 9-39 所示。

────── **特别提醒** ──────

发动机盖突然弹起的主要原因

(1) 上路之前，发动机盖被打开检查过，之后没有关好。

(2) 在行驶过程中，不小心触碰到了打开发动机盖的开关。

(3) 路面不平，起伏过大，发动机盖的钩锁受震动后自己弹出来了。

(4) 钩锁磨损或机械故障。

图 2-13　汽车在铁路道口熄火

人力推　车牵引　拖坏车　离险区
推不出　摇信号　让火车　紧急停

图 3-4　汽车突遇洪水（山洪）

遇洪水　去高地　暴雨中　防触电
遇山洪　应镇定　向两侧　快躲避

图 4-6　汽车突遇雪崩、泥石流（滑坡）

遇雪崩　泥石流　查路况　能否过
路阻时　避滑坡　顺方向　两侧躲

图 8-4　途中遭遇抢劫

遇歹徒　勿停车　锁门窗　继续行
上了车　要冷静　快脱身　速报警

图 9-1　汽车轮胎漏气

胎漏气　勿急刹　防翻车　防追尾
控方向　打双闪　缓制动　停车看

图 9-2　汽车爆胎

车爆胎　别慌张　莫急刹　稳方向
松油门　挂低挡　缓减速　停路旁

图 9-8　汽车转向失灵

失方向　莫着慌　勿急刹　易翻车
挂低挡　点刹车　降车速　缓停车

图 9-9　汽车制动失灵

挂低挡　握方向　慢手刹　勿空挡
先避人　后避物　避险道　帮大忙

图 9-14　汽车突遇道路上障碍物来不及刹车

遇障碍　勿猛打　障碍小　骑着过
人冲出　应避让　握方向　猛点刹

图 9-15　汽车相撞

撞左侧　移副驾　脚抬起　免挤伤
撞右侧　握方向　腿前蹬　身后仰

图 9-16　汽车倾翻

车倾翻　握方向　稳身体　免撞伤
若甩出　猛蹬腿　反方向　跳出窗

图 9-17　汽车悬空

车悬空　保平衡　防倾覆　人离车
绳系上　防翻车　勿冒险　去开车

图 9-18 汽车冰雪路侧滑

后轮滑 要修正 向同侧 打方向
前轮滑 稳油门 向反侧 打方向

图 9-19 汽车着火（爆炸）

火势大 快远离 安全区 把警报
爆炸时 速卧倒 头朝外 手护脑

图 9-23　汽车自燃

车自燃　速停车　断电源　人离车
灭火时　防烧伤　火势大　快报警

图 9-24　汽车落水

车落水　辨方向　判水深　快行动
瞅时机　砸车窗　离车后　面朝上

图 9-25　汽车突遇触电

遇触电　勿下车　车外人　别摸车
若跳车　莫跨步　并双脚　快跳开

图 9-26　汽车突遇地震山火

遇地震　把车停　人转移　开阔地
遇山火　开大灯　关车窗　逆风行

图 9-30　汽车风挡玻璃碎裂

玻璃碎　稳方向　勿急刹　把车停
碎玻璃　清干净　关车窗　中速行

图 9-31　汽车夜间行车灯光突然失灵

灯光坏　看不清　缓减速　靠边停
前灯灭　换小灯　中间道　谨慎行

图 9-32　汽车水箱"开锅"

车开锅　脸离远　手垫布　拧松盖
泄蒸汽　防烫伤　降温后　加温水

图 9-36　电动汽车突发故障

电动车　有异响　停好车　开盖看
若冒烟　断电源　查电池　灭火患

图 9-37　汽车油门卡住

油门卡　稳方向　开双闪　警后车
挂空挡　点刹车　停稳后　再灭车

图 9-38　汽车发动机盖突然掀起

行车中　盖掀起　挡视线　要镇定
控方向　勿急刹　降车速　路边停